"十三五"职业教育部委级规划教材

服装设计师训练教程

（第2版）

赵旭堃　王家馨◎编著

FUZHUANG SHEJISHI XUNLIAN JIAOCHENG

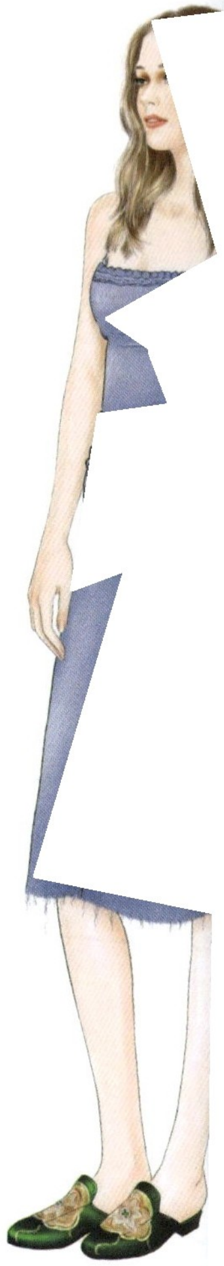

中国纺织出版社有限公司

内容提要

本书是“十三五”职业教育部委级规划教材，是由具有实战经验的服装专家、高级服装设计师编写的专业服装设计师训练教程。本书以大量案例举证分析为特色，以注重培养当代服装市场需要的创新型设计师为目的，以职业训练为根本，按照服装设计师成长过程需要的学习方法，具体介绍了寻找设计灵感、设计构思理念、服装设计思维训练以及服装设计实现创意化、商业化、市场化的过程，由此组成的实际应用知识是成为服装设计师必须掌握的服装专业基础知识和技能。

本书适合高职院校服装专业师生用书，也可供服装从业人员参考阅读。

图书在版编目（CIP）数据

服装设计师训练教程 / 赵旭堃，王家馨编著 . -- 2版 . -- 北京：中国纺织出版社有限公司，2021.3（2025.4重印）

“十三五”职业教育部委级规划教材

ISBN 978-7-5180-8240-7

Ⅰ. ①服… Ⅱ. ①赵… ②王… Ⅲ. ①服装设计—职业教育—教材 Ⅳ. ①TS941.2

中国版本图书馆 CIP 数据核字（2020）第 232410 号

策划编辑：宗 静　　责任编辑：宗 静 石鑫鑫

责任校对：江思飞　　责任印制：何 建

中国纺织出版社有限公司出版发行

地址：北京市朝阳区百子湾东里 A407 号楼　邮政编码：100124

销售电话：010—67004422　传真：010—87155801

http: //www.c-textilep.com

中国纺织出版社天猫旗舰店

官方微博 http: //weibo.com/2119887771

北京通天印刷有限责任公司印刷　各地新华书店经销

2009 年 10 月第 1 版　2021年3月第2版　2025年4月第3次印刷

开本：787 × 1092　1/16　印张：12

字数：153 千字　定价：59.80 元

赵旭堃

中国服装设计师协会学术委员会委员

高级服装设计师　副教授

中国职业技术教育学会纺织服装专业教学研究会　理事

高等职业学校服装与服饰设计专业教学标准　主要参加人

广东省职业院校服装技能大赛裁判

广东省校服大赛裁判

第十六届蒙古族服装服饰艺术节评委

1988年毕业于西北纺织学院服装设计专业

2007年毕业于香港理工大学国际纺织品服装营销策划　硕士研究生

1998~2001年 MONDIAL ATELIER蒙迪爱尔　服装设计师

2001年意大利品牌GIADI　服装设计师

2006年编著《应用服装画技法》 中国纺织出版社

2007年编著《服装工艺设计》 化学工业出版社

2008年为国家消防总局第一支专业救援部队设计的救援服装在攀枝花地震中启用

2008年德国马格德堡大学学习专业教学法和方法论

2009年编著《服装设计师训练教程》 中国纺织出版社

2009年云南卫视《音乐现场》 服装顾问

2013年《典型性训练在服装设计课程中的运用》获得内蒙古自治区高等教育教学成果三等奖

2014年、2015年东方卫视大型时尚节目《女神的新衣》 服装总监

2018年13套服装设计作品《锦香·秋影》获得第十五届蒙古族服装服饰艺术节银奖

服装设计相关作品获得国内国际奖项及荣誉30余项

指导学生设计作品获得国内外主要赛事奖项20余项

王家馨

广东职业技术学院服装系主任

高级服装设计师　教授

1988年毕业于西北纺织学院服装设计专业

全国纺织服装职业教育教学指导委员会委员、教育部职业院校艺术设计类专业教学指导委员会服装与服饰专业主任委员、中国纺织服装教育学会理事、中国服装设计师协会理事、中国服装协会科技专家委员会专家委员、中国服装设计师协会学术工作委员会委员、广东省职业技能鉴定服装专家组组长、全国职业院校信息化教学大赛评委、全国职业院校技能大赛服装设计与工艺赛项组裁判、广东省高职教育艺术设计类专业教学指导委员。

2018年中国纺织服装行业人才建设先进个人、2017年全国纺织行业技能人才培养突出贡献奖、2016年教育部职业院校艺术设计类专业教学指导委员会“贡献奖”、2016年中国纺织工业联合会教学成果奖“一等奖”、2016年全国职业院校技能大赛优秀裁判员、2014年全国纺织服装教育先进工作者。

广东省职业技能竞赛优秀教练员、广东省职业能鉴定优秀专家，广州技师协会“优秀技师”。曾任广州大学纺织服装学院副教授、广州金维服装有限公司总经理兼设计总监。主持全国高等职业学校纺织类“服装与服饰设计”专业教学标准、全国高等职业学校纺织类“服装与服饰设计”专业目录动态调整、广东省教育厅“服装设计专业3+2衔接教育一体化教学及课程标准”研制、广东省教育部产学研结合项目“数字化牛仔服装设计”、广东省教育厅教育教学改革项目“对接广东服装产业‘双端’联实战化培养服装设计人才”。

第2版前言

服装设计的教育目的是培养具备创新能力的、为市场服务的服装设计师。服装设计与时尚设计具有鲜明的时代特征，反映不同时代、不同地域、不同民族的物质生产水平及人们的意识形态，设计师通过特有的方式传达物化美，体现商品社会文化价值取向，具有良好的经济效益及市场号召力，有利于开创人类新的生活方式，适应新的生活环境，从而提高人们的生活质量。

服装设计既要考虑型、质、色内在因素的完美结合，还要考虑外在因素对设计的渗透。任何一个社会都是由政治、经济和文化三大要素组成的，这三个要素在人类历史发展的进程中的比例构成、地位作用和相互关系是不同的，设计师要寻找到最佳切入点，以满足当下市场的需要。

本书试图打破传统作业训练方式及单纯注重理论原理的教学模式，希望用设计经验检验市场，发挥设计主观能动性，既强调艺术表现，创意张力，又能将创意设计巧妙转换为市场需求，进行教学与市场的探索和创新，参与市场竞争，满足社会对人才培养目标的要求。书中提及的典型性训练法适合服装设计教学，以一体化为理念，指导服装设计课程教学方法改革与教学建设，引领服装设计教学方法与教学手段更新，极好地解决了一节课与一门课、一门课与一个专业的的关系，通过有效的训练方法，将专业理论与实操训练融为一体，既能解决学生掌握理论畏难的问题，也最大程度解决学生专业基础薄弱、水平不一的问题，达到典型性训练（单元设计）与一体化课程（整体设计）互融共进的教学方法。

本书旨在帮助那些准备成为时装设计师和喜爱时尚设计的人，通过系统探索研究及一系列设计技巧的运用，通过大量基础训练，配合实践性极强的典型性训练方法和表达手段，学会表现设计理念，进行服装设计创作应用转换，成为具有一定艺术素质和创新设计能力的服装设计师。

本书是一本具有新思维方式特点并且符合当下服装市场规律的教材，可以从发现问题到解决问题这一过程训练真实能力；同时是一本具备“指导服装设计过程可以这样教、服装设计可以这样学”的实用手册，其教育方法对目前国内服装专业的培养目标和方向具有良好的指导作用。

本书选用服装品牌案例和网络时装资料进行设计分析，在此向谨向被引用过资料和图片的设计师们致谢！感谢张丽媛老师参编本书第一章、第二章、第三章书稿内容以及封面绘图！

万分感谢我们的父母对我们的养育之恩和辛勤培养，使我们能够用所学到的知识回报社会，感谢中国纺织出版社有限公司对我们的信任，也非常感谢各位朋友、同行、学生对我们工作无私的支持！

作者

2019年11月6日于北京

第1版前言

服装设计教育的使命是培养具有创新能力的、为市场服务的服装设计人才。

服装设计的首要目的是美观舒适，企业只有生产那些既能满足人们物质文化需求，又能满足人们精神文化需求的服装，才会有市场、才会有好的经济效益。

服装设计具有鲜明的时代特征，它反映出不同时代、不同地域、不同民族的物质生产水平及人们的意识形态。它通过特有的方式传达设计师的物化美，体现出商品社会中文化价值的取向，倡导设计师去开创人类新的生活方式、新的生活环境，从而提高人们的生活质量。

纵观国内服装设计专业教学，仍有很多沿袭着注重理论的教学模式，采用传统的训练方式，缺乏明确的市场意识，教学方法多年不变，加上某些教师缺乏市场经验，惯于用评论和批评的眼光与市场结合，使学生在各种条条框框的限制下难以发挥主观能动性，缺乏市场探索和创新能力，无法参与市场竞争，偏离了社会对人才培养目标的要求。

服装设计在以往教育的过程中往往谈的是艺术表现，是张力。这并不是说设计中没有表现的成分，只是他们的侧重点有很大差别。服装设计不能只凭感觉，要考虑各种因素。任何一个社会都是由政治、经济和文化三大要素组成的，这三大要素在人类历史发展进程中的比例构成、地位作用和相互关系是不同的，我们要寻找到最佳的切入点，以满足时代与市场的需要。

本书旨在帮助那些准备成为时装设计师和喜爱时装设计的人，通过系统地研究、探索及一系列设计技巧的运用进行设计创作，使学习者通过基础的训练、学习和探索，配合实践性极强的训练方法进行服装设计创作。通过必要的设计训练和表达手段，把设计理念表现出来，成为具有一定艺术素质和创新设计能力的服装设计师。

由于服装选用了服装品牌案例进行分析设计，在此谨向在本文中被引用过资料的设计师们致谢！并万分感谢父母对我们的养育之恩！使我们能够将所学到的知识回报社会，也非常感谢家人对我们辛勤工作的无私支持！

作者

2008年8月26日于广州

教学内容及课时安排

篇 / 课时	课程性质 / 课时	节	课程内容
第一章（18 课时）	基础与训练（72 课时）		● 捕捉灵感
		一	观察能力的培养
		二	改变视角
第二章（18 课时）			● 借鉴设计
		一	借鉴设计的过程
		二	借鉴的风格形式
		三	依从大师的脚步——借鉴设计的方法
		四	故事板收集与整理
第三章（18 课时）			● 服装廓型与结构设计
		一	流行
		二	服装廓型与比例
		三	结构设计
第四章（18 课时）			● 服装色彩与面料设计
		一	服装色彩设计
		二	服装主题色彩
		三	服装面料图案的流行
		四	服装面料的运用与设计
第五章（36 课时）	应用与实践（36 课时）		● 从设计到实践
		一	寻找服装设计方向
		二	成衣系列设计
		三	实战训练

目录

基础与训练——

捕捉灵感

课题名称： 捕捉灵感

课题内容： 观察能力的培养

改变视角

课题时间： 18课时

学习目的： 1.学习掌握设计灵感的基本方法。

2.学习培养观察目标的习惯。

3.用服装设计知识支撑原创作品。

训练方案： 学习观察与联想，循迹相关的理论进行设计。

让学生了解设计灵感来源渠道，充分利用互联网、图书馆、服装资料、博物馆等媒介找到感兴趣的灵感题材，将灵感来源的主体、色彩、造型和装饰进行转换、整合、设计。

第一章　捕捉灵感

任何门类的设计都不能脱离物质世界单独存在，生活领域需要设计、创新，设计需要捕捉灵感、留住灵感并结合相应的理论加以利用。创新的灵感来源无处不在，人文世界、芸芸众生、山川河流、海洋天空、动物植物等都会成为设计师取之不尽、用之不竭的创作源泉，只要留心去观察发现，处处都可以找到设计灵感。作为设计师，必须具备细致观察、善于发现事物美感的能力。

第一节　观察能力的培养

一、明确设计目的

服装设计是商业性、目的性非常强的工作，设计过程就是不断满足顾客需求的过程，有些艺术设计必须经历从意识形态的创新演变为某种实际应用模式的过程，而更多的设计是源于生活需要。设计师应该做到的是，决定设计的重点在于满足顾客的哪种需求目标，这个目标在商业上叫作卖点。卖点通过选择合适的设计，配合恰当的制作工艺水平来实现。

服装设计工作开始前，就要明确搞清顾客需求或设计项目的要求是什么，记住这些关键问题对即将开始的设计很有帮助。

★ 你的顾客是谁?

★ 要你做什么?

★ 要求得到一份怎样的效果图?

★ 有无特殊的设计要求?

★ 你对选中的市场或顾客了解吗?是否需要进行市场调查并准备一份市场调查报告?

★ 你是否需要参考其他诸如艺术灵感、文化、历史及画册杂志等方面的资料?

★ 怎样捕捉时尚元素并把时尚要素巧妙地融入设计中?

★ 需要什么样的面料?面料是否可以采购到?

★ 你对服装面料的料性了解多少?

★ 面料和辅料的价钱是否适合你的设计?

★ 你对色彩、面料、廓型、细部、图案、质地、配件等内容的考虑是否成熟?

★ 用怎样的工艺手段来表现你的设计?

★ 你的设计是否能满足顾客需要的风格？

★ 设计制作的造价预算是否和客户需求相匹配？

为了更好地理解设计的目的，我们以图1-1说明玻璃杯的系列造型如何适用于不同场合的功能性或礼仪性需要。

宽口扎啤杯可以使西方人高大的鼻子在畅饮时无障碍，大而实用的杯子手柄满足了开怀畅饮的需要；咖啡杯的口径大、杯柄很小，使喝咖啡的人姿态显得优雅；窄口径酒杯适合在礼仪场合中使用，窄窄的杯口决定了饮酒时的礼仪姿态；造型奇特的情侣杯为情侣营造了时尚、浪漫的氛围。

图1-1　玻璃杯的系列造型适用于不同场合的功能性或礼仪性需要

二、观察与运用

设计的灵感和概念来源于身边所有事物，培养敏锐的感触神经要求人学会观察，从观察中得到感受，大脑接受刺激的方法和形式越多，越容易记住你要记的东西。

1.典型性训练课单一元素（独立元素）的提取及运用

能力目标：基础元素的提取与运用能力。

训练目标：以自然界、建筑、宏观视野、微观世界为观察点，提取所选元素中一个最小单位——单一元素，做一个模板，通过平移、旋转、重新排列、组合等平面转换手段，用于服装廓型与内部结构的设计，最后做取舍整合。

如图1-2~图1-6所示为学生使用不同转换手段的设计作品。

训练结果点评：最简单的设计元素，准确的造型概念，直观鲜明的外形，丰富精巧的服装结构。

2.重复与堆砌

在设计方式的众多手法中，重复与堆砌理解和使用起来相对简单，也是最容易出效果的方式之一。我们学习了单一元素（独立元素）的提取与平面使用，

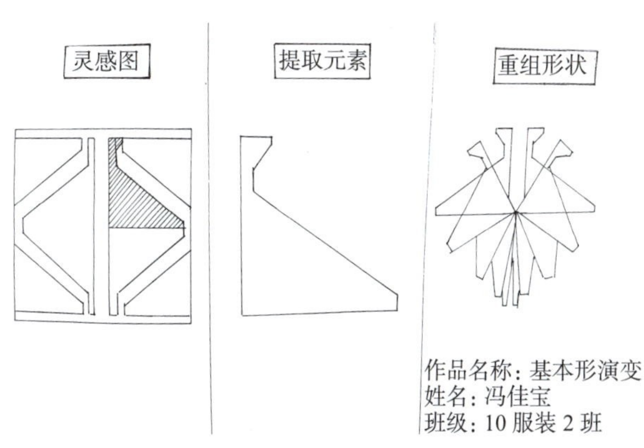

图1-2　单一元素的提取与运用——元素提取（冯佳宝）

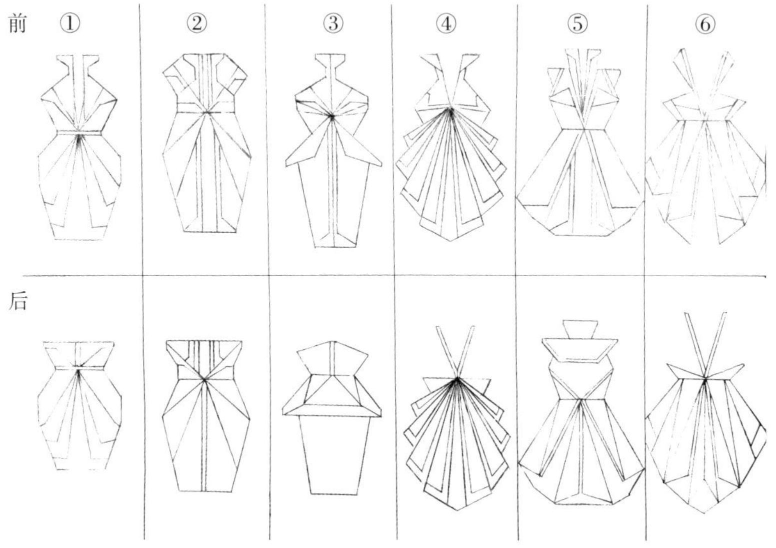

图1-3　单一元素提取与运用——对称、平移（冯佳宝）

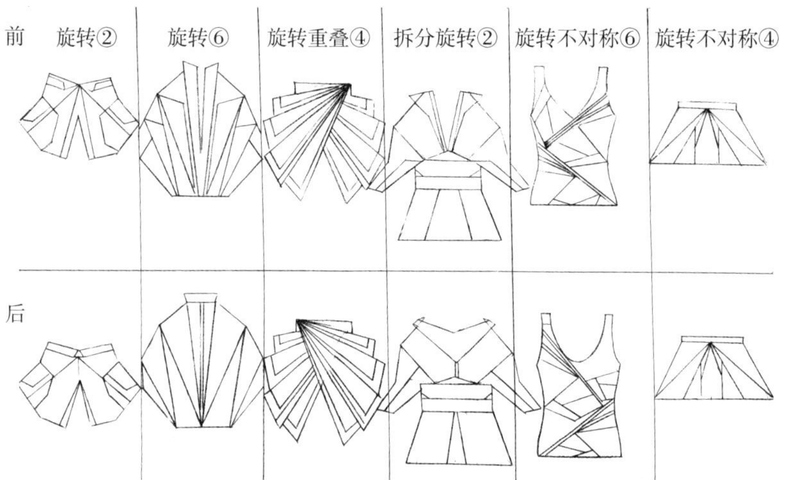

图1-4　单一元素的提取运用——旋转、旋转重叠、拆分旋转、旋转不对称（冯佳宝）

图1-5　单一元素的提取运用——平移组合（师建英）

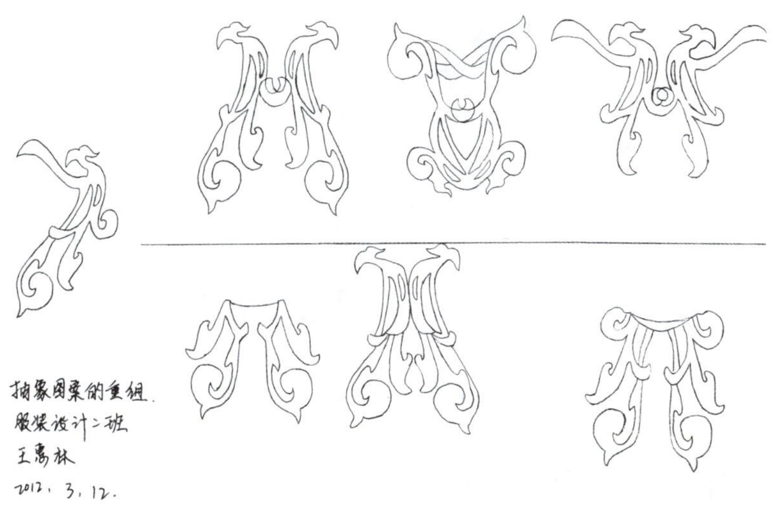

图1-6　单一元素提取与运用——团案的提取与运用（王惠林）

立体重复相较而言更加能产生出具有音乐一般的秩序美及节奏感和律动感，能产生强烈的艺术感染力，形成良好的视觉效果，成为趣味中心。

重复设计的核心在于将某一个元素通过不同的设计方式表达出来。比如辅料重复（纽扣、拉链、蝴蝶结、花边）、面料重复（面料重复，但颜色可能是渐变的或对比的）、廓型重复（一般用在品牌设计中或系列设计中，会对一定的款式进行迭代，保留廓型，做大小数量的变化，这个就不是在同一个空间的重复了）。

结构重复、工艺重复、图案重复堆砌指的是重复地使用单一元素进行量的堆积，而重复地使用元素或者服装局部造型，会对服装的整体造型产生巨大的影响，对这种影响的控制取决于使用者的设计思维，如拘束或者奔放、刻意或者随意，不同的材质以及不同的使用方法所塑造的效果也截然不同，从而使设计变得更有意思。如图1-7~图1-11所示，点、线、面的重复与堆砌产生了不同的效果。

关键词：服装设计　手法　堆砌　重复　褶皱　造型　繁复　叠加

一方面，重复堆砌和夸张设计手法在创意设计方面容易掌握，效果引人注目；另一方面，这一设计手法也有弊端，过于冗长的操作时间以及其浮夸的造型感使成品作为商品的性价比并不是很高，也导致其在成衣领域使用的并不多，只能在一些塑造形象感的作品中得以运用。复杂、夸张既是它的优点，也是它的缺点。

图1-7　重复——点的重复产生线性和体积感

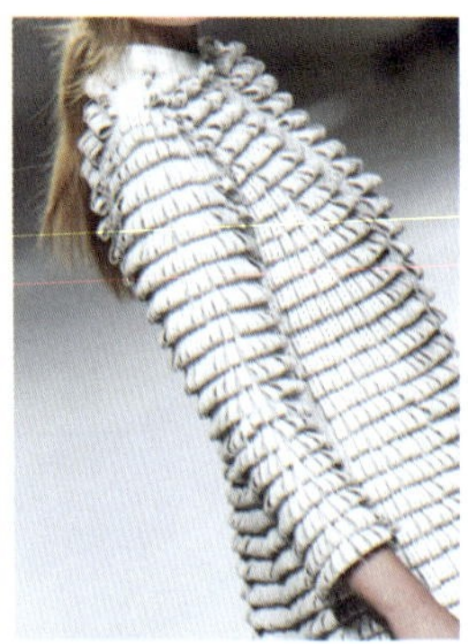

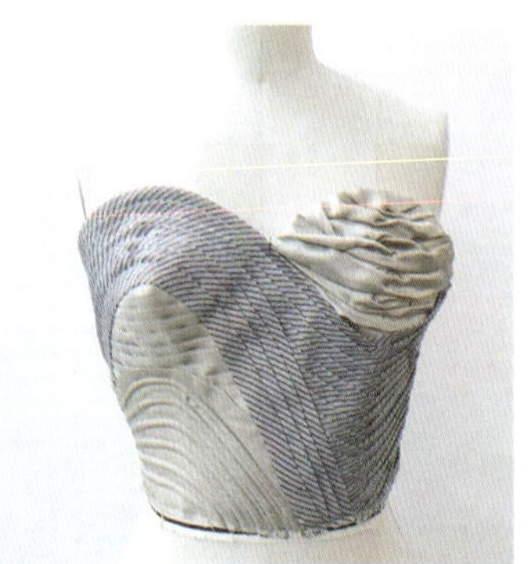

图1-8　重复——线的重复产生方向感、节奏感和面积感

图1-9　重复——线性重复（Mary Katrantzou）

图1-10　面的重复产生体积和方向

图1-11　重复与堆砌

三、观察与联想

改变以往观察事物的习惯和角度，发现身边事物的独特之处；不断积累素材，集腋成裘；用大量设计草图抓住灵感内涵和意义，使设计理念发生转变，由量变到质变，达到设计能力的创新。

游览建筑、名胜古迹，参观博物馆、美术馆、工业设计展览会、服装展览会、服装博览会，参与时尚活动；从摄影、电影、音乐和杂志图片中汲取灵感。

1.从宏观世界的角度观察思考

借助科学仪器观测，我们的视野无限阔展。宇宙的浩瀚无际、星云的神秘图形、银河系的璀璨包容等，都令人遐想无边。

如图1-12所示是将收集的星云图图片，做成故事板，再通过联想写出关键词——星际、星云、星座、宇宙；浩瀚、深邃；空间、未来；闪亮、沉寂；神秘、璀璨、耀目等，每个词汇都可以完成一个系列设计。星际、空间、未来等词汇可联想到太空探险、宇航服、未来主义风格材料；星座传说可联想到古典服装式样；璀璨、耀目可联想到珠宝、霓虹灯的效果；美丽的星云图可以联想到晚装的订珠效果，也可将它作为面料图案灵感来源备用。

图1-12　来自星云图片的联想设计

2.微观世界带给我们的启示

显微镜的发明为我们打开了微观视野，使世界充满了意外发现，如图1-13~图1-15所示为微观视野下的服装设计案例。

图1-13　微观世界——显微镜下的植物细胞

图1-14　微观世界——灵感来源于病毒的服装图案与服装面料设计

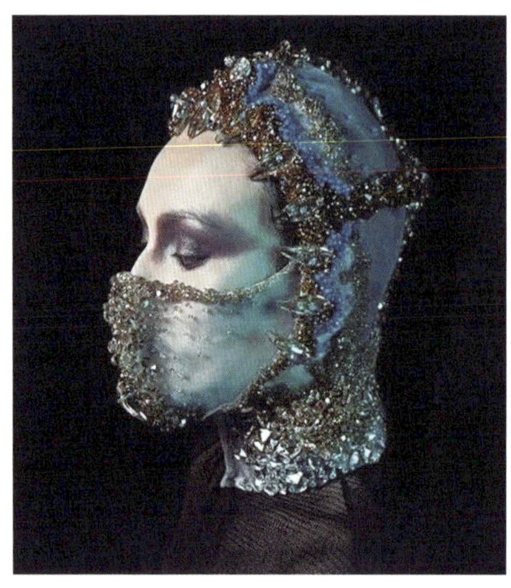

图1-15　微观世界——帽子与头饰设计（Maiko Takeda）

3.自然界带给我们的启示

地理位置不同，自然万物、山河大川的面貌有着气象万千的景象。如图1-16~图1-19所示，滋养我们的土地，能否作为面料的图案构成？能否联想到服装的某个局部，它像什么？

图1-16　航拍冰岛“虎”与喜马拉雅山脉的“血管神经”

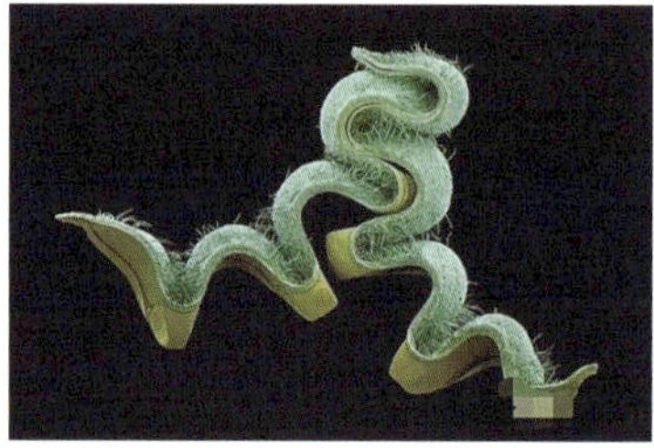

图1-17　航拍密西西比河与显微镜下植物种子形态的相似形

图1-18　俄罗斯勒娜三角洲的“叶脉”与索马里沙漠雨季湖泊“树”

如图1-19所示，我国云贵高原地区的地址地貌与当地少数民族服装形制和色彩有“异曲同工之妙”。

图1-19　云南元阳梯田与滇西南苗族百褶裙、黔南瑶族服饰在色彩和服装形制的类似

如图1-20所示，南方少数民族地区织锦与秋季滇西北高原地貌产生“锦绣山河”联想，与图片的设色、气氛相辅相成。

图1-20　滇西北印象——“锦绣山河”的联想设计

如图1-21所示，滇西北有独特的地势地貌和丰富的动植物资源，提取其中一种植物——丽江绿绒蒿，利用这种花卉轻薄如纸的自然形态和恬静的色彩作为设计灵感来源，服装的所有面料表现全部源于植被图片，色彩的基调为蓝绿色。

图1-21　滇西北印象——丽江绿绒蒿的联想设计

通过旅行、收看电视旅游栏目、翻看旅游杂志、参观摄影展、上网等方式，都能体会不同的地域地貌，领略不一样的风土人情。所谓“山有山貌、水有水相”“一方水土一方人”说的就是地域不同，山水的面貌会发生巨大变化，人类生活方式与精神面貌也有巨大差异（图1-22、图1-23）。

将意大利水城威尼斯的景象和中国山水进行比较，地理环境不同水域水系特征也不相同，依据其面貌所产生的服装设计从外形到装饰手法一定不同。威尼斯水城布局紧凑，蜿蜒浪漫，水城一体，石头房屋街道与细窄水系形成重与轻、动与静的对比（图1-24）。中国江南水乡城市苏州、徽州给人以安宁恬静的视觉感受，中国画的写意泼墨是描绘苏州白墙黛瓦、简洁悠远意境的最佳表现手法（图1-25）。

图1-22　斐济的Monukiri岛和Monu岛和约翰·加里亚诺（John Galliano）的设计作品

如图1-26所示，根据苏州印象设计的系列服装，服装领子、袖子结构特意模仿了苏州民居建筑脊角高跷的飞檐造型，而屋檐滴水瓦和门框支柱的造型被用于项链、耳环的设计中。水墨画般的面料，迎合了苏州淡雅意境的印象，突出了中国传统文化的文人气质。

图1-23　航拍川流景色——数码印刷在服装图案上的应用

图1-24　意大利威尼斯水城

图1-25　中国徽州与苏州水乡具有水墨山水画的意境

图1-26　苏州印象——联想设计

现代化大都市的多样化，当代美学体系对城市内涵文化研究有了专门探讨，称为“城市语言”或“城市色彩”。如图1-27所示，是典型的纽约城市街头印象。

图1-27　纽约街头印象

四、借型设计

在观察与联想的基础上，直接截取、使用图片中的片段作为服装外形和局部，借型寓意，使设计感受直观。

观察冬天窗上的冰花、树形和石头的纹路，可以联想到很多有趣的动植物或者风景画。尝试拿一张动、植物图片，或任意一张你感兴趣的图片，上下颠倒看，横过来看，斜着角度看，看图片中的局部景象，像服装的什么部位，裙摆？领口造型？或者像一个飞奔的舞者？找到符合想象中的局部，接下来开始工作，利用手撕、剪切等方法，把图片中用得到的那些局部，贴在画好的人体上，会得到非常特殊的效果。这种学习方法容易找到创意方面的自信，不必担心面料无法实现设计，现在市场中纺织材料和辅料的性能、开发能力非常超前，色彩和纹路相当丰富，能满足服装设计的需求。尝试设计阶段自己动手加工面料或者对面料进行二次加工、三次加工，将给创作过程带来更多的惊喜，如图1-28、图1-29所示。

图1-28　借型设计——数码拼贴（Maren Esdar）

典型性训练课——借型设计

能力目标：训练观察能力及服装创意造型表达能力。

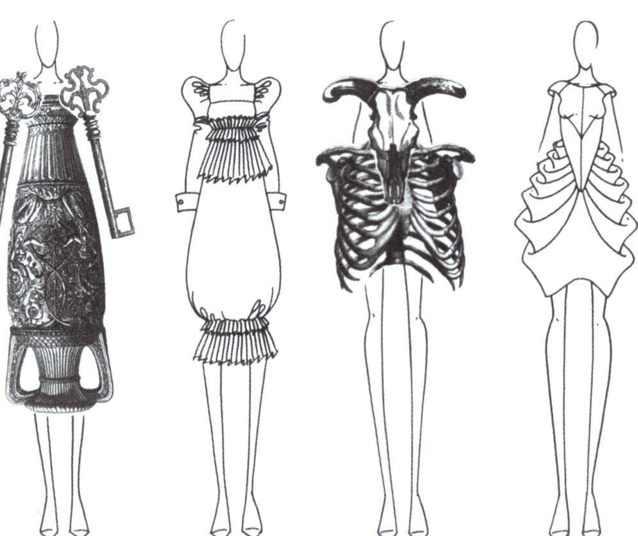

图1-29　借型设计与结构探讨

训练目标：从自然界、建筑、宏观视野、微观世界的所有有型的造型中，直接借用实物外形或打散重组，用于服装外形设计。

如图1-30~图1-37所示为学生的借型设计作品。

图1-30　借型设计练习（一）（学生作品）

图1-31　借型设计练习（二）（学生作品）

图1-32　借型设计练习（三）（学生作品）

图1-33　借型设计——仙人掌的布料肌理制作（凌雅丽）

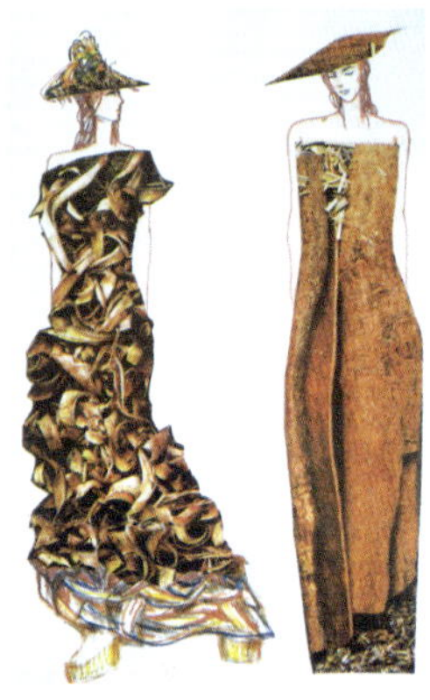

图1-34　借型设计练习（四）（学生作品）

图1-35　以航拍中国——西藏林芝地区桃林为灵感的借型设计效果图

图1-36　以唐寅（明）山水画为灵感的借型设计效果图

图1-37 以杂志里英国风景图片为灵感的借型设计效果图

训练结果点评：训练观察角度，表达准确的造型概念，直观鲜明的外形。

第二节 改变视角

在现实生活中有许多不为常人注意的事物等待着被设计师发现，每个人的经历不同，看问题的角度必然不同，设计师往往有能力从一个独特的角度观察事物，将平凡的现实世界变成奇妙、彩色的世界。只要养成悉心观察的良好习惯，选择能够利用的元素为设计所用，日积月累、厚积薄发，总会得到与众不同的感受，这些独特的感受和经验，加上对社会意识形态和时尚的判断，必将形成鲜明的个人风格。

一、身边的奇思妙想

设计的乐趣在于既要遵循一定的法则和规律，又不能拘泥于形式、墨守成规。

我们常常感慨好的设计作品中蕴含的奇思妙想，而自己面对设计却无从下手。先要了解产品的功能性，之后打消你对终端产品的任何先入之见，这样你的设计过程会更具有创新性和刺激性。所有有趣的设计都建立在思路开阔的基础上，工业设计领域中很多设计灵感都是来源于身边的事物，如果知晓了其中“秘密”，就像魔术师的工作一样，原理可能很简单，关键是靠魔术师奇思妙想的创意和灵巧机妙的作品实现手段。

如图1-38所示，左上角的产品看似药丸包装的放大，其实是由铁和玻璃制成的灯箱，象征着我们这个时代的忧郁（设计者是Cario Nonnis）；右上角那个弯曲的废旧管道，被西班牙设计师巧妙地改装为灯，传达着一种利用资源的理念；右下的金属柱产品，是泰国Picture-PPB&O设计团队非常年轻的设计师的创意作品，作品名称是《表情面面观》，产品功能是开瓶器。

现代纺织技术快速发展，使面料的织造水平也达到了“无所不能”的地步，如图1-39所示，从这张纺织材料的组织纹样看，来自“药丸包装”的灵感也出现在了纺织服装领域，似乎应验了那句俗语：“不怕做不到，只怕想不到”。

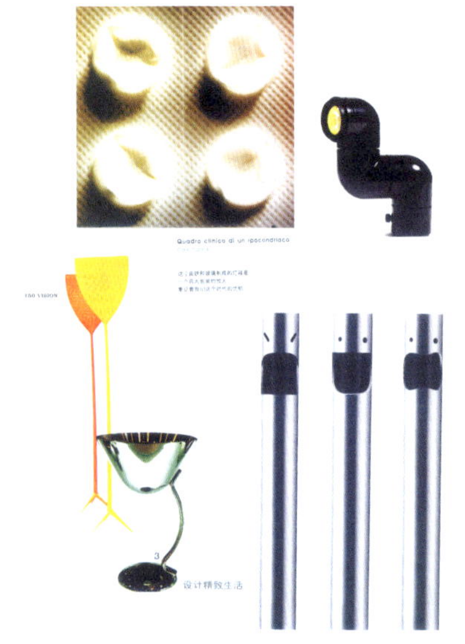

图1-38　工业产品设计中的创意作品

图1-39　充满创意的纺织品和服装材料

哥特式建筑内部的拱顶结构和海螺的涡旋结构，曾带来关于服装结构的众多探讨，现代面料的织造构成从很多领域里汲取营养，面料的肌理结构仿造了哥特式建筑内部结构，创造了合理奇特的美感，如图1-40所示。

图1-40　哥特式教堂内部结构及仿其结构的面料的织造构成

不同时代的建筑反映出当时社会的思想意识和审美情趣，历史上所有经典建筑风格都具有鲜明的时代特征。建筑与服装都是生活的一部分，建筑中所具有的造型、装饰构成风格，服装设计也能表现出与之相同的风格，如图1-41所示。

图1-41　具有建筑风格的服装设计

建筑在表达空间、体积与运动的理念，特别是将材料的两维平面转化成三维立体结构的过程中与服装具有相似的实践特性，正因为这样的相同点，服装设计师经常从建筑设计中，得到关于外形、比例、结构、材料等诸多灵感，如图1-42~图1-45所示。

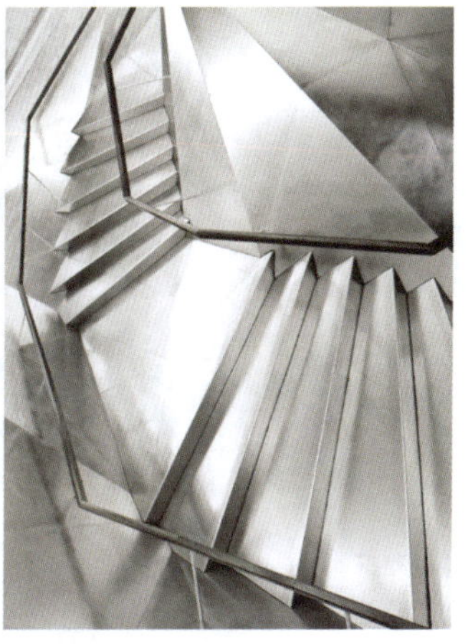

图1-42　借鉴建筑结构的服装设计（Issy Miyakeke 2014 春夏）

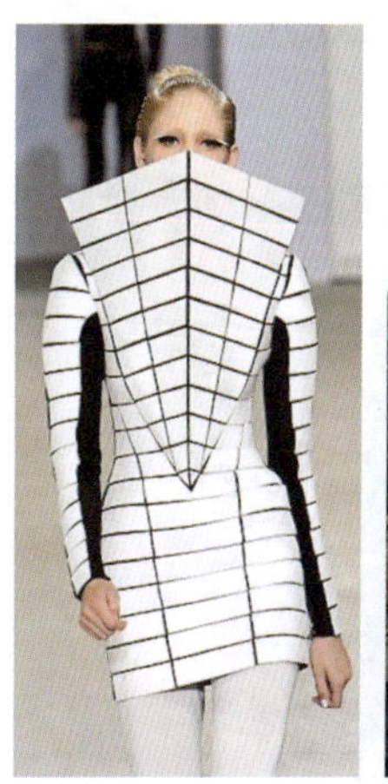

图1-43　Gareth Pugh 2009 春和纽约赫斯特大厦（Image via Only Dope Fashion）

图1-44 Jean Paul Gaultier 2009春夏（Image via Cool Chic Style & Fashion）

图1-45 被誉为时装建筑师Roberto Capucci的作品——像建筑般稳固，像雕塑般硬朗

二、有趣的改变设计的方法

1.只改变一点点

设计的折衷主义：在工业设计领域，通常采用生活与艺术性相结合的方式达到设计的平衡。如图1-46所示，看似普通简洁的方腿桌子，只将其中一条桌子腿做一些圆弧形状的改变，整个桌子的时尚味道就能显现出来，而桌子的功能并没有发生改变。正是这种局部改变的思维存在，使设计工作变得有趣而轻松。

如图1-47所示，以衬衫为例，试着把衬衫领子拉长、再拉长，因领子的拉长发生了穿衣方式的变化；如果面料性能合适，试着把衬衣领子加很多层，把多层面领拉长再车缝到胸省中，时装的创意就出来了。用这种方法，作袖口的改变，效果也会很突出。

图1-46 改变一条桌子腿后具有时尚味道的桌子

图1-47 衬衫局部的改进设计

如图1–48所示，香奈儿（CHANEL）在服装设计中把衬衣的胸褶部位拉长到裙子中臀围处，强调了设计点。

如图1–49所示，香奈儿2006夏装将双排扣连衣裙的胸前部位做了合理的减法并减掉风衣领型，使服装具有了平静的性感。

图1–48　香奈儿衬衣的胸褶部位改变

图1–49　香奈儿小风衣胸前部位的减法及减掉风衣领型的设计

2.改变穿衣方式

普通一件男装T恤，因为改变了穿法就使服装展现出不同寻常的新面貌；女装设计中的帽子放下来可兼作肩、袖的功能，如图1–50~图1–54所示。

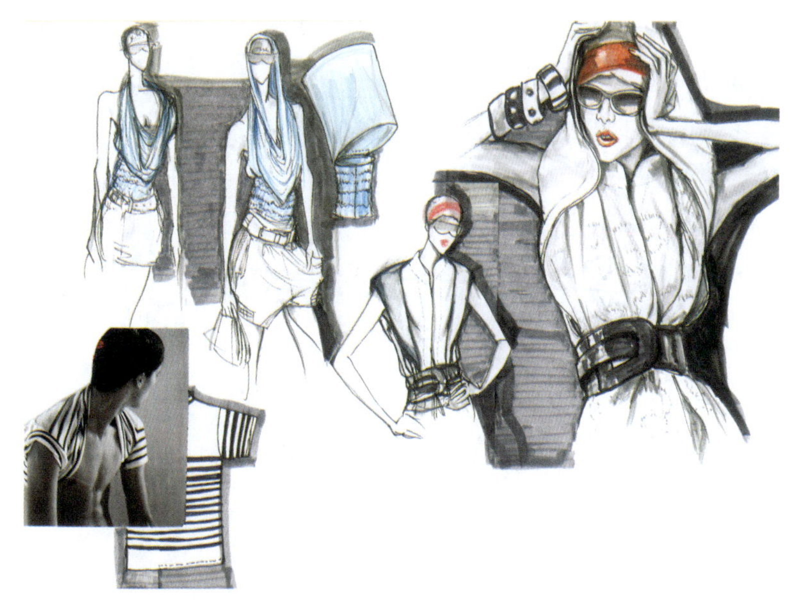

图1–50　改变穿衣方式

图1-51　改变穿衣方式——大衬衣（左）变成裤子（右）（包彩虹、赖紫媛、董静文）

图1-52　改变穿衣方式——衬衣的一衣多穿（一）（包彩虹、赖紫媛、董静文）

图1-53　改变穿衣方式——衬衣的一衣多穿（二）（包彩虹、赖紫媛、董静文）

图1-54　改变穿衣方式——衬衣的一衣多穿（三）（包彩虹、赖紫媛、董静文）

3.改变穿衣位置

设计时可以考虑制作工艺的调整，A型蓬蓬裙的腰围和胸围可互换位置，如图1-55所示。改变穿衣位置也在秀场中经常被运用，如图1-56所示。

4.改变穿衣方向

设计时有意考虑衣服的穿法，做上下方向、左右方向可以互穿的改变，如图1-57所示。

5.解构重组

解构重组也叫解构重置，通过反向思维，错用位置，改变服装原本的功能，分解原有形状，打散构成，重新组合，打破原有秩序然后再创造更为合理的秩序，创意设计训练常使用这个方法。

图1-55　改变穿衣位置

图1-56　改变穿衣位置——秀场中运用

图1-57　改变穿衣方向示意图及三宅一生服装

解构主义概念最早出现在建筑领域，是对现代主义正统原则和标准批判地加以继承，运用现代主义的语汇，却颠倒、重构各种既有语汇之间的关系，从逻辑上否定传统的基本设计原则（美学、力学、功能），由此产生新的意义。用分解的观念，强调打碎、叠加、重组，重视个体、部件本身，反对总体统一而创造出支离破碎和不确定感。

图1-58　解构重组——箱包、鞋、帽的结构用于服装设计

服装设计常利用解构手法实现创意设计，如将鞋、帽、箱包的原本功能“借用”在服装中，充满了意外乐趣，如图1-58所示。将折叠的T恤衫和外套“生

硬”的组合在一起，如图1-59所示。礼服胸前褶皱装饰是由衣服的领子和插肩袖设计而来的，说明了创作的不拘一格，如图1-60所示。服装的解构重组还体现在改变服装原本的功能上，如图1-61所示。

图1-59　T恤和外套的“生硬”组合

图1-60　服装领袖结构转变为胸部褶皱装饰

图1-61　服装的解构重组——改变服装原本的功能（Y / Project spring 2017）

6.不对称设计

不对称设计是服装解构重组的另一种表达形式，常见的有服装款式左右不对称、上下不对称，服装结构不对称，服装工艺不对称，服装材质不对称，服装穿着功能不对称，色彩不对称等，如图1-62~图1-67所示。

图1-62　不对称设计——服装结构不对称

图1-63　不对称设计——服装款式不对称

7.不改变服装原有的功能

以领子为例，由披肩的式样改造的领型，保留了领子的功能，如图1-68所示。袖与肩功能合一的设计也使服装原有功能没有被改变，如图1-69所示。

图1-64　不对称设计——服装穿着功能不对称、材质不对称

图1-65　不对称设计——服装款式不对称、材质不对称（Simone Rocha spring 2017）

图1-66　不对称设计——服装工艺制作、装饰工艺不对称（Yohji Yamamoto）

图1-67　不对称设计——色彩不对称

图1-68　不改变服装原有的功能设计

图1-69　不改变服装原有功能——袖与肩功能合一（Mary Katrantzou 2020 春夏）

8.改变面料的使用季节

家庭空调设备及汽车的普及，使生活更加方便。模糊了季节界限的服装面料和款式设计称为反季节设计。夏季常用的材质如雪纺、丝绸可用于冬装设计，而厚重的冬装面料也可用于设计夏天的款式，如图1-70所示。

图1-70　秋冬装款式的夏装化设计（香奈儿）

9.转换

转换这一概念是指服装能转换成一系列其他形式，最早被三宅一生这样的设计师使用，是一直被关注的话题。如图1-71所示，艺术家露茜·奥塔（Lucy Orta）研究过帐篷、外衣同生存必备的其他衣物之间的关系，这同胡赛音·查拉扬（Hussein Chalayan）极具影响力的时装展有关，查拉扬把裙子与茶几圆桌作为共同体进行了演示。转换是在“一物多用”的理念下的一种行为构思，你可尝试着把背包和服装的功能组合起来一起设计，背包可变服装，服装可变背包；帽子可变成口袋，裙子可变成披肩等，这种转换思维将极大扩展你的设计范畴。

图1-71　露茜·奥塔（Lucy Orta）研究帐篷、外衣同生存必备的其他衣物之间的关系

三、夸张设计

中外服装史中，很多时期呈现出夸张的服装式样，如17世纪末和18世纪流行于以英法为代表的欧洲女性间的一种服装“曼图亚”，如图1-72所示。

曼图亚（Mantua非意大利城市，原词是从法语manteuil而来）是人类历史上最宽大的礼服裙，原本是一件宽大的长袍，后来演变为外套礼服或者是长袍状的外穿礼服，有一个束胸片和协调的衬裙。到了18世纪中期，曼图亚已经演化成为一种正式朝廷礼服，悬垂的罩裙越

图1-72　夸张设计——17世纪末至18世纪欧洲女装曼图亚

来越风格化，在背面下垂的布条几乎完全隐藏了。

服装设计概念很多是相同的，方法也是互相渗透的，借鉴、模仿、夸张使得服装发生改变，夸张是创意中放大焦点常用的手段，可概括为：造型的夸张，局部的夸张，材料的夸张，色彩的夸张、纽扣的夸张等，将夸张设计用到服装的每个部位，是表达创意的有趣尝试。

1.造型夸张

造型夸张也称外形夸张、廓型夸张，通过体量扩张，增强冲击力、提高辨识度，引人注目，如图1-73、图1-74所示。

2.局部夸张

局部夸张起到视觉焦点强化的作用，大致分为服装结构夸张、领子夸张、肩部夸张、袖

图1-73　夸张设计——服装造型夸张（川久保玲）

图1-74　廓型夸张——大波浪仙裙黎巴嫩高定礼服（Ashi Studio）

子夸张（袖型夸张、袖山夸张、袖中夸张、袖口夸张）、口袋夸张、下摆夸张（上衣下摆夸张、裙子下摆夸张）、裤子局部夸张、配饰夸张（帽子夸张、头饰夸张、装饰夸张、鞋子夸张）和服装工艺夸张等，如图1-75~图1-80所示。

图1-75 花卉造型在领子、下摆的夸张设计

图1-76 衣袋的夸张设计——范思哲及其他品牌的衣袋夸张变化

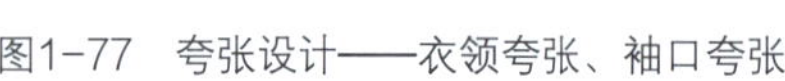

图1-77 夸张设计——衣领夸张、袖口夸张

图1-78 肩和袖的夸张使服装廓型充满张力（Moschino 2020）

图1-79　袖型夸张使服装廓型充满张力

图1-80　解构重置并夸张——将罗马杆头变为纽扣及装饰（Maison Margiela Fall）

原迪奥（Dior）品牌设计总监约翰·加里亚诺（John Galliano），以惊世骇俗的夸张设计而闻名，这是1997年至2007年期间，他对服装局部领子的夸张，彰显出大胆而深厚的设计实力，如图1-81所示。

图1-81　约翰·加里亚诺对领子的夸张设计

亚历山大·麦昆（Alexander McQueen）以夸张怪诞的设计风格享誉时尚界，如图1-82所示，从他这套夸张的披肩领设计可窥视一番。

图1-82　亚历山大·麦昆披肩领的夸张设计

材料的夸张膨胀使创意充满了奇特感，这种极端的夸张方式在服装市场属于小众的创意方法，却迎合了近年来“超大体积”的风尚，如图1-83、图1-84所示。

图1-83　材料的夸张设计（Jacqueline Fink）

图1-84　材料的夸张设计

小结

这一章我们主要讲述了何谓灵感来源？如何抓住灵感？灵感来源的收集与整理方法。本章介绍了一些有趣的改变设计的方法，欣赏了一些创意服装的夸张表现，当然还有数不清的方法和例子没能罗列，每位服装爱好者的基础不一样、兴趣不同，可以逐渐在训练中找到适合自己的设计方法。本章罗列的是设计初始最基础的手段，旨在举一反三。

思考与练习

1. 单一元素（独立元素）的提取与运用。
2. 曲线构成单一元素的提取与运用。
3. 两种元素的组合练习。
4. 借型设计作业。
5. 做服装款式黄金比例、色彩黄金比例设计作业。
6. 通过了解解构主义风格，做服装创意设计系列。
7. 改变穿衣方式练习，拍照。
8. 听觉训练作业（听一首歌曲或音乐，根据音乐旋律，提取色彩线条，并设计与音乐气氛相符合的服装）。
9. 服装的夸张设计作业。

基础与训练——

借鉴设计

课题名称：借鉴设计

课题内容：借鉴设计的过程

借鉴的风格形式

依从大师的脚步——借鉴设计的方法

故事板收集与整理

课题时间：18课时

学习目的：1.掌握借鉴设计的基本原理和方法。

2.了解文化对服装的影响。

3.把握东西方文化与现代服装设计理念的关联。

4.用理念来源支持设计创作作品。

训练方案：让学生了解借鉴设计的资料来源，收集各国家、各地区及民族文化参考资料，将传统文化元素结合时尚特征进行创新，在结构、色彩、造型等形式上进行融合，设计出符合现代理念的服装。

第二章　借鉴设计

放眼世界，不同国家地区、不同时代、不同民族的文化艺术，为设计师提供了丰富的营养和借鉴对象。研究这些文化艺术的形式、内容、特点以及具体的造型、结构、色彩、线条、图案、工艺技巧等独特的审美和实际应用方法，把研究结果运用到设计中；通过借鉴、吸收、创新，设计师从众多艺术门类汲取可利用的元素，作为传承传统艺术的实践与探索，并对传统元素加以再创造达到创新，这种艺术特征有利于广大的社会成员轻而易举地识别和领悟艺术中所要传达的历史性的集体意识或社会意识。

第一节　借鉴设计的过程

一、借鉴设计的基本方法

借鉴设计的基本方法包括局部借鉴、打散重组、气氛借鉴（包括场景借鉴、色彩借鉴、视觉借鉴、听觉借鉴、味觉借鉴）、旧衣改制等。

借鉴设计的过程是一个由抽象到具象的转变和创造过程。我们可从首饰设计开始来体会创作的惊喜。找一些对自己设计灵感有帮助的图片，选取可用的部分，这个部分可能是图片中的整体形状、局部片断，或者是色彩，然后不停勾画草图，经过归纳、细化、完善，将灵感图片和画好的设计共同粘贴在图板上最终定稿。例如，观察缝纫机的梭芯、梭壳，哪部分的素材可以借用，我们会发现有些机器零件造型很像戒指、手镯，零件的色彩是银白色搭配“彩金”，这些是可以直接用的素材，经过反复简化，剔除零件中非常繁琐的部分，保留适合首饰加工工艺的一些局部造型，又保留了白银配彩金的用色，设计出一系列如图2-1所示的工业化、机械感很强的戒指、手镯。

图2-1　借鉴缝纫机梭芯设计的戒指、手镯

如图2-2所示的超大的手镯造型很受休闲时尚的年轻人推崇，其设计灵感来源于德国德累斯顿的茨温格宫，选取建筑局部中可用的部分，可以发现立体镂空的围墙片断非常适合于超大的手镯造型，建筑中复古稳重的锈铜色契合时尚流行元素，经过反复勾画设计、归纳整理，最终达到高度风格化的造型。建筑中远远的小天使背影塑像，成为手镯开口处设计的灵感来源，当两个小天使握住他们的小手时，手镯即碰在一起，俩人的小手一分开手镯就打开了。

图2-2　借鉴设计——以德国茨温格宫建筑局部造型来源的手镯设计图

灵感的来源不限种类——包装纸、皮包、某一个图片的局部或者任何材料。珠宝饰品的造型和华丽耀眼的形式感，同样可以为服装提供设计灵感，如图2-3所示。

图2-3　借鉴设计——首饰草图（何欣桐）

二、借鉴设计中的仿生设计

1.仿生设计的运用

参照自然界中动物、植物进行形态仿生，包括具象仿生、意向仿生、延伸仿生、变形仿生、色彩仿生、肌理仿生、材料仿生、功能仿生等，如图2-4~图2-6所示。

图2-4　仿生设计——形态仿生及材料仿生

图2-5　仿生设计——形态仿生及面料肌理仿生

图2-6　仿生设计——色彩提取仿生

2.花卉的仿生设计

以花卉为灵感来源的例子在服装设计中比比皆是，常用的借鉴形式有花的造型、花的气氛，花的色彩。

如图2-7所示，依据花卉的写生稿，花蕾的反转造型自然被联想成裙子的样子，设计图中花朵的造型和模特服装相得益彰，呈现浪漫的气氛。我们可以在工作中尝试用面料表现花卉的造型，画出花型的草图，用平面款式图的形式探讨设计、工艺的合理性。

图2-7 借鉴设计——以花卉外形为服装造型和面料设计

植物有丰富别致的肌理效果，激发了设计师的创作热情，以花的气氛为元素的仿生设计服装，常用量感、体积感、堆积感来表现，如图2-8、图2-9所示。花朵花型的制作方式，是手工制作还是工业制版而来，取决于所用的服装种类，如图2-10~图2-12所示。

图2-8 仿生设计——以花的气氛为元素的仿生设计

图2-9　仿生设计——借鉴花卉外形和气氛的晚装设计（亚历山大·麦昆）

图2-10　花卉仿生装饰用于高级服装定制中

图2-11　适用于成衣的花朵（华伦天奴）

图2-12　适用于秀场的手工花卉制作

3.生活中的借鉴设计

养成观察与联想的好习惯，随时积累素材，处处有灵感来源。日用品的形态和气氛同样会带给我们设计灵感，棉被的局部造型和温暖的感觉被用在冬装设计中，帽子和鞋的设计也来源于家用产品，如图2-13所示。生活中的建筑、梯田、人体等也都可以成为借鉴设计的灵感来源，如图2-14~图2-16所示。

图2-13　借鉴日用品造型和形式感的服装设计

图2-14　借鉴建筑局部结构的服装设计（张晶）

图2-15　以航拍中国图片——梯田为设计灵感

图2-16　研究人体肌肉组织构成得到针织面料的灵感[1]

---

❶ 图片来源：《时装设计元素：调研与设计》，［英］西蒙．西弗瑞特 著，袁艳、肖红译，中国纺织出版社。

第二节　借鉴的风格形式

来自物质世界和精神世界的题材都可以成为服装设计借鉴的主题。设计主题既要沿着民族文化、历史长河去探寻，如传统的绘画、雕塑、工艺品，传统刺绣的拼贴和绗缝；也要结合当代艺术形式和生活方式，对来自于人类的精神世界的题材，如宗教信仰，借鉴设计时要充分考虑和尊重不同民族的精神文化差异。

东西方两大文明催生出不同的思维方式和不同的文化特征，由此构成了完全不同的服饰文化结构，形成了东西服饰文化的巨大差异。

一、中国文化与服装

中华民族文化源远流长，博大精深，是以政治、伦理、宗教思想为中心的多重价值的集合体现，提倡遵礼以仪、崇圣敬天，注重精神境界的修养。中国历代传统服装服饰美轮美奂，是我国民族艺术的重要组成部分，是中华民族文化的瑰宝，也是人类文化宝库中的精品，如图2-17所示。

图2-17　永乐壁画和敦煌壁画

传统织造技艺的发掘与传承是服装借鉴设计的重要主题，我国以各种材质为原料的纺织技艺悠远流长，精彩绝伦。在古代丝织物中，锦是可以代表最高技术水平的织物。“锦”字，是“金”字和“帛”字的组合，《释名·采帛》中记述：“锦，金也。作之用功重，其价如金。故惟尊者得服。”这是说，锦是豪华贵重的丝帛，在古代是专供皇宫的贡品，民间也只有达官贵人才能穿得起。如图2-18、图2-19所示，我国的织锦物做工细腻，精美别致。

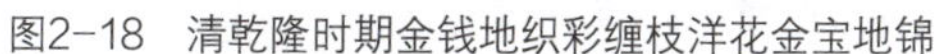

图2-18　清乾隆时期金钱地织彩缠枝洋花金宝地锦

图2-19　蓝地牡丹纹妆花缎

“服装设计”这一概念绝不是现代社会才具有的行为特征，古代中国就已经通过服装的严格形制规范了人类的社会阶层。例如，皇帝的服装服色与文武百官的服装服色及服饰纹样，是通过法律规范并加以区别的，这种规范行为与当今服装的设计定位及通过着装体现身份修养的目的是相同的，只是现代着装更加自由多元。

陕西西安出土的秦始皇兵马俑阵列中，可以通过兵俑的着装情况判断士兵的兵种和将士的等级，特别是如图2-20所示的将军俑胸前的装饰带，等同于现代军队中军衔标志。这种通过服饰来区分“工种”的形式，类似于当代职业服装中的制服设计。

如图2-21所示是湖南长沙汉代马王堆一号墓中出土的一件素纱蝉衣是稀世珍宝，该衣轻盈飘逸，薄如蝉翼，50厘米宽的门幅，用料9米，重量仅有49.5克，是古代精湛的纺织技术留给后人的珍贵宝藏。灿烂的中国服饰史像至今享用不完的、异常丰盛的视觉饕餮，给予当代时装源源不断的创作灵感。

（a）　（b）　（c）

图2-20　秦始皇兵马俑——军中等级和地位以服饰区别

图2-21 “薄如蝉翼、轻如织云”的素纱蝉衣（马王堆出土）

中国文化有哪些元素能够借鉴到当代时装设计中，在此做一个大概梳理，并结合典型性训练方法深入探索。

（1）以奢华的中国古代皇宫宫廷特色为设计灵感。包括制作精美的服装款式、巧夺天工的宫廷刺绣、华丽辉煌的服装色彩，具有象征意义的工艺品，价值连城的宫廷珍藏艺术品，传世的古代书画艺术等。

（2）以极雅致的中国文人文化为设计灵感。包括象征着傲、挺、隐、忍文人精神的梅兰竹菊，曲径通幽的园林艺术，文人墨客的写意山水，诗赋楚词的独特意境，白墙黑瓦的居住环境等，如图2-22所示。以中国文人文化中的写意山水画为灵感的时装设计，将西方艺术的极简主义与东方哲学的神秘结合起来，突出了整体恬淡的气氛和雅致的文人气质，如图2-23所示。

图2-22 以中国画墨竹为灵感来源的服装设计效果图（学生作品）

图2-23 唐寅（明）山水画及以中国山水画为灵感的服装设计效果图

（3）以纯粹的民族、民间艺术为设计灵感。包括剪纸艺术、皮影艺术、年画艺术以及民居建筑的雕花、窗隔、门楣、门前辟邪的石狮子，民间传统刺绣工艺等艺术形式，还有北方“鲜艳”的服饰配色，各少数民族特有的服装式样和色彩等；以极具中国特色的工艺品为设计灵感，包括青花瓷、钧瓷等“四大名窑”瓷器，“四大名绣”的刺绣艺术，漆器艺术，景泰蓝和彩陶艺术。中国少数民族服装服饰是当代服装设计的源泉，调研、挖掘各地区各部落民族服装特征，以严谨的态度传承传统文化，提取民族、民间服装中色彩及装饰的元素运用到服装设计中。如图2-24~图2-26所示，民族服饰中的独特元素为当代服装设计提供了创意灵感。

图2-24 黔东南雷山地区苗族传统刺绣、双针绣、叠布绣

图2-25 当代蒙古族服装设计（斯日古楞）

图2-26 当代蒙古族服装礼服设计（赵旭堃）

典型性训练——中华传统文化借鉴设计

能力目标：准确把握服装设计元素的能力。

训练目标：梳理脉络，学生分组讨论，先将“中国传统文化”梳理为以下几大概念：

（1）中国传统天文、地理、气象等邻域的梳理挖掘——天象学、与农耕文化有关的二十四节气。

（2）中国传统建筑——皇宫、民居、园林、寺庙、桥梁、塔、庭宇楼台、阁、轩及传统建筑构件等。

（3）中华民族传统医药——中医药、少数民族医药、用于治疗的草药及草药焙制过程、动物、矿物；灸疗、火疗等用于治疗的传统医疗手段和器具等。

（4）中国戏剧戏曲——区分戏剧与戏曲的关系，传统戏剧需要扮相及舞台呈现，包括京剧、昆曲、豫剧、秦腔、沪剧等，戏曲如相声、杂技、说唱等；有些戏曲不需扮相装扮以适应演出场地的狭小简易，如小曲、曲调、二人转等地方戏曲。

（5）中国传统制造业工艺品——民族、民间工艺品如刺绣、剪纸、雕刻、家具、灯具、陶瓷、金银制品、竹木制品等；凤冠、点翠、盘金绣、金银镶嵌、宫灯等宫廷工艺制品及制作要素等。

（6）民间、民族风俗——民族、民间传统节日、民族禁忌、婚嫁丧娶、宗教信仰、民俗民风等。

（7）中国传统书画艺术——水墨画、工笔画、壁画、木版画、年画、漆画等。

（8）中华传统美食——地域性的菜系菜谱及做法、食材构成（动物及植物）、调料的采集和使用、摆盘容器和方法等。

（9）中华传统服装服饰——通过对中外服装史的梳理，得出在等级规范的道路上演进的服装以遮掩人体为目的东方文化特征，具备了一种在西方人看来是一种抽象神秘的概念，通过调研整理，准确掌握各朝代、各民族、各地区的服装服饰典型特征。

（10）其他——中国纺织业、中国传统音乐、军事、航海等诸多形式。

其中，每个罗列的要点都可以成为一个季度的设计主题，都能拓展出无数系列。

训练结果：各小组汇报自己小组对所选类别的梳理，然后细化元素，找到关键词、相应图片，做故事板，画效果图、样板制图，制作服装。

如图2-27~图2-29所示，以中华传统文化为灵感来源的借鉴设计有着独特的魅力。

图2-27　借鉴设计——以中国古典建筑为灵感来源的服装设计图（赵晓雪）

图2-28　以唐朝周昉《簪花仕女图》为灵感来源的服装设计图

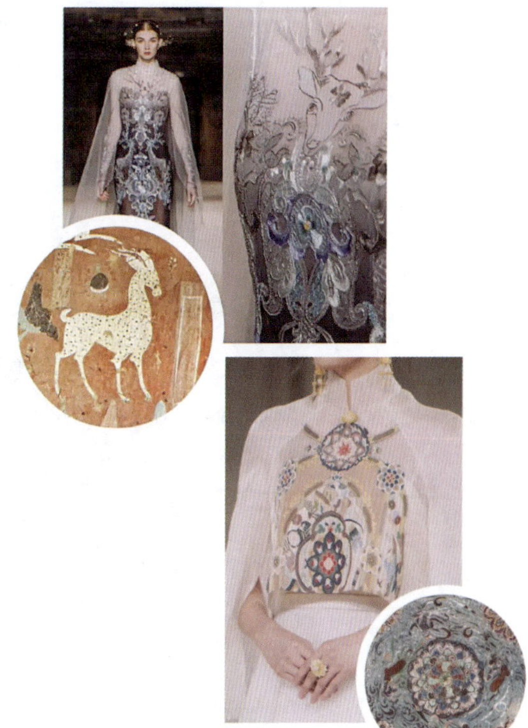

图2-29　借鉴提取敦煌壁画元素为灵感来源的设计（盖娅传说）

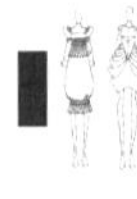

二、世界文化对服装的影响

西方服饰艺术深受古希腊审美思想的正、反两面的双重影响，其审美装饰思想以人为尺度，不断出现理性——感性、自由——感性的对立补充，表现了以人体美为主导的写实主义风格和张扬感性的自由浪漫特征。

1.风格与典型特征

西方服装史按时间分出很多时期阶段，并以这些阶段标志命名了一些风格，比如，希腊式风格、帝政式风格、古典风格、哥特式风格、文艺复兴风格、巴洛克式风格、洛可可式风格等。以世界民族风命名的风格有：非洲风格、印度风格、墨西哥风格、夏威夷风格、印加风格、波西米亚风格等。在现代服装艺术构成中，这些经典风格以极强的生命力活跃在时装舞台上。

从西洋服装史的角度概括，以典型的艺术风格作为服装设计方向。如以古希腊式、古罗马式服装特征为标志的古典主义风格包含古典浪漫主义、新古典主义、泛古典主义等，并最终演绎为经典主义风格。与经典主义相对的风格是浪漫主义风格，单是浪漫主义风格就可分出田园的浪漫、清新的浪漫、柔美的浪漫、唯美的浪漫、优雅的浪漫、野性的浪漫、性感的浪漫、热烈的浪漫、甜蜜的浪漫等很多的形式，对风格梳理的越精准，设计越精准。

服装设计题材受现代艺术影响，包括抽象主义艺术、极少主义艺术、达达主义艺术、未来主义艺术、立体主义艺术、解构主义艺术、构成主义艺术、超现实主义艺术、波普艺术风格等，这些现代艺术题材已深刻地渗入服装领域，并给时装界带来了革命性的影响。

如图2-30所示，20世纪50年代的西方女性服装极具现代感和优雅感。

（a）迪奥

（b）巴黎世家

图2-30　20世纪50年代西方服装

2.艺术与表现形式

服装设计是艺术构成的一部分，服装设计师都会从博物馆的工艺品、雕塑、绘画中寻找灵感。法国画家安格尔毕生致力于美的追求，他的作品《泉》把古典美和女性人体美巧妙地结合在一起，出色地表现了少女天真和青春活力。日本服装设计师三宅一生（Issey Miyake），把安格尔的这幅画，以解构重组的形式印制在他的褶皱服装中，如图2-31所示。

日本的“浮士绘”对凡·高的新画风影响颇深，凡·高将日本的浮世绘版画融合在个人气质中，他的画风是东西方绘画合流的结果。由凡·高的绘画作品为灵感的服装设计将《星夜》中的色彩图案以钉珠形式用于模特服装的内衣、裙摆和针织衫的领口图案中，设计图中模特的整体形象借鉴了凡·高的自画像的造型，如图2-32所示。

图2-31　三宅一生作品与《泉》（让·奥古斯特·多米尼克·安格尔）

图2-32　借鉴凡高绘画《星夜》的服装设计图

黑白构成形式最早用于广告设计中。现代时装和传播媒体之间的关系非常密切，服装与广告互相植入，造就了一批视觉成熟的消费者，他们的购买力对服装市场有着重要影响，很多品牌以借鉴黑白艺术构成作为设计特征，备受年轻人推崇，如图2-33、图2-34所示。

当代艺术形式给服装设计提供灵感，比如装置艺术、家具设计、纤维设计、灯光艺术、动漫艺术、当代雕塑艺术等，艺术和服装之间仿佛模糊了界限，如图2-35所示。

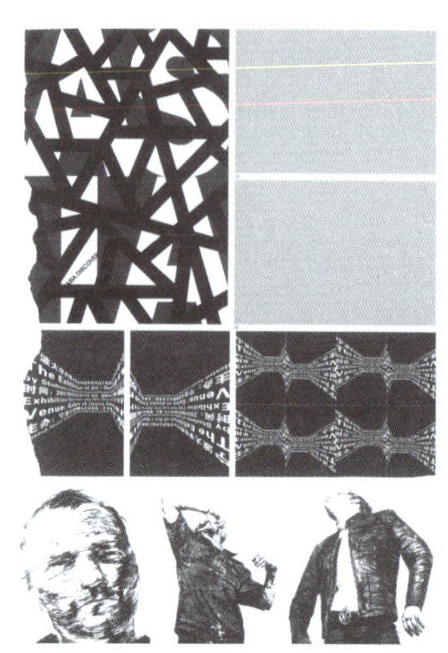

图2-33　借鉴黑白构成设计的服装

图2-34　受黑白构成艺术影响的服装设计

图2-35　雕塑式服装模糊了服装与雕塑的界限（凌雅丽）

时尚杂志中有关时尚风格的传播会更突出造型师和摄影师，而不是设计师。时装离不开裁剪、选择织物和结构、风格造型和整体形象策划，包装推广要将交给摄影团队，时装摄影传达时尚信息及作品的精神状态，摄影风格影响时装款式表现、比例变化、细节处理以及模特选用、发型化妆、情感的配合，如图2-36、图2-37所示。借鉴摄影作品的设计图，用室内设计装饰材料的肌理表现服装面料的纹理，如图2-38所示。

图2-36　哥特式唯美时尚摄影（Ekaterina Belinskaya）

图2-37　时装摄影中鲜明的个人符号（Emma Summerton）

图2-38　借鉴摄影作品的设计图

3.音乐与服装

音乐领域非常广阔，不同的音乐种类表达着其特殊的意境感受，人们把音乐称为时间艺术，服装设计则是空间造型艺术。服装设计最常借鉴的音乐元素是旋律的使用。旋律（Melody）亦称曲调，指经过艺术构思而形成的若干的有组织、有节奏的和谐运动，音乐上专指音的连续，音与音之间快慢、高低起伏及间隔的时间。曲调是表情达意的主要手段，也是一种反映人们内心感受的艺术语言。各种音乐基本要素在不同乐曲或乐曲的不同部分，其表现作用都不尽相同，音与音之间级差越大，节奏、节拍意义越为突出，曲调可以表达特殊的意义，如抒情舒缓的曲调、热烈欢快的曲调等。

可以说，只要是音乐中具备的主要元素，服装中的设计元素都能与之相对。服装设计中，人体与服装的组合以及服装的型与色、型与型、色与色的过渡变化，同样能产生视觉上的时空旋律感。假设服装搭配组合中，衬衣、外衣、下装的配色是三种色彩，在组合时遵循色彩的黑白灰关系，服装的节奏感便会产生，三种色彩关系对比越近，服装的色调就越柔和；色彩对比越强，或服装款式的构成元素差别越大，服装的节奏感越强，服装材质及服装工艺的重复也遵循这个原理，如图2-39、图2-40所示。

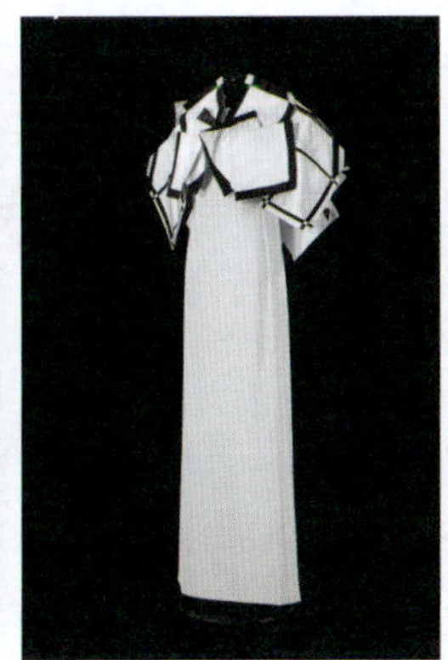

图2-39　服装中的韵律（旋律）与节奏（Roberto Capucci）

图2-40 由抒情音乐产生的联想设计（王薇）

三、生活方式对服装设计的影响

当代设计提倡将不同想法结合到一起并延伸出不拘一格的生活方式，产生令人耳目一新的意义，此类主题名称要相应地放在一个有感染力、有助于产生恰当的设计中来考虑，虽然无法准确归类，但是高度个性化的着装风格与第二次世界大战以后曾经整齐划一的着装风格形成了极大的反差。

1.亚文化和街头风格与生活方式的互动

亚文化和街头风格总是为前卫服装和奇装异服提供了肥沃的土壤。亚文化一词的含义和所指具有很大的随意性，因为消费者越来越精明，他们知道如何解读这些风格式样及其内涵，街头风格常用来指人们创造性地搭配穿着的一种方式。亚文化特征的中心是风格，而服装和饰物是穿着者为了表明自己所归属的群体、忠诚于什么和持何种见解的宣言，如怪诞风格、无性别风格。

亚文化一族，被冠以垮掉的一代、街头族、摇滚族、网虫族、追星族等，成为设计师关注的目标，更重要的是他们“由下而上”式的流行传播影响到主流时装。这些不同的风格正在影响着我们的着装方式，强化了我们的个性风格，促成了服装多种风格共存的局面。

“由下而上”还有一个很好的例子是伊夫·圣·洛朗1962年为迪奥举办的时装发布会上将蒙德里安的色彩分割艺术直接用于时装设计中，如图2-41所示。这一时期发布的时装设计还受到摇滚风格和那时刚刚出现的巴黎左岸（Paris Left Bank）和垮掉的一代（Beatnik）风格的影响。

“由下而上”的创意潮流在当今的意义是，促使时装业越来越关注年轻人群的需求，将

眼光投入到“90后”“00后”一代的生活方式中，提倡和他们共同成长。

混搭可以表现出各种各样的风尚来，如艺术风格、职业风格、欧美风格、民族风格、颓废风格、嬉皮风格、雅痞风格、摇滚风格（重金属风格）、浪漫风格等，只有深入研究、探讨、把握风格，才能准确地表达设计风格，从

图2-41　彼埃·蒙德里安（Piet Cornelies Mondrian）的画和伊夫·圣·洛朗的服装设计

而逐渐形成设计师个人风格。

时装设计师把来自亚文化、街头风格、历史的、跨民族的、真正后现代风格中的实用性元素和幻想元素糅合在一起用于设计，在满足当前折衷主义潮流需求的同时反过来影响了时装主流，影响并改变了所谓的服装流行周期，造成了服装流行多元化的局面，如图2-42所示。

图2-42　怪诞风格糅和了多种元素（Leigh Bowery）

2.以关注生活环境为出发点的题材

现代社会飞速发展带来了人口膨胀、竞争激烈、资源紧缺、环境污染等严峻的现实问题。在引起国际社会普遍关注的同时，也得到了艺术界和设计界的注目，出现了以重视生活细节为题材的主题，如提倡循环利用的环保主题、动物保护主义题材、反战题材、运动主题等。

旧衣改制是时装设计的一个领域，虽然只是环保题材中很小的一方面，却在商业上有很多成功的例子，通常以古着风格、拼贴风格、混搭风格、“破烂气”、乞丐装、街头服装等形式出现，如图2-43~图2-46所示。

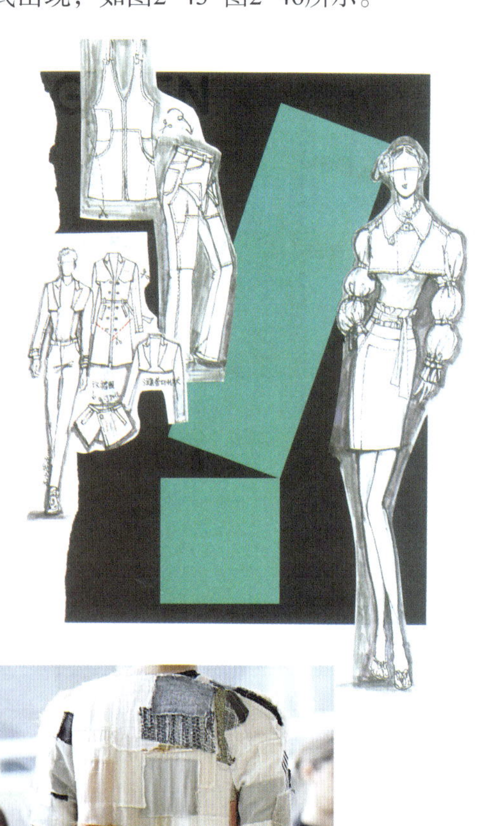

图2-43　循环利用——环保题材理念

图2-44　循环利用——古着店与旧衣改制的服装概念

图2-45　用环保回收面料设计的混搭风格（Martin Margiela 2020 秋冬，John Galliano）

图2-46　混搭风格——Sacai 2021度假+男装系列（Chitose Abe）

第三节　依从大师的脚步——借鉴设计的方法

从大师作品中学习借鉴设计的方法，既是一种致敬，又是一种态度，把值得借鉴的设计看懂、熟悉、吃透、从模仿到再创造是学习服装设计的必由之路。

世界著名的服装设计师和品牌，每年两次通过各种时装周向业界展示最新的设计作品，他们在时尚界、服装界引领流行趋势的权威作用不容置疑。观摩大师的作品时需要注意以下两个方面：一方面，看服装一贯风格是通过哪些方式得以延续的；另一方面，看本季服装与上几个季度服装的区别点在哪里。

一、向传统致敬

品牌设计师常常从服装史中寻找灵感以完善新的作品，并通过新作品呈现。

2007年DKNY夏季的“娃娃式”大A型廓型和珍藏于法国时装博物馆中的1793年的女装款式相比，高腰线和背部膨胀的造型几乎相同，DKNY的时装在领子、肩袖处的细节仍然具有古典主义特点，两者的不同之处似乎只在裙子的长度和色彩的时代感方面，如图2-47所示。

如图2-48所示，从左至右分别是巴黎世家1949年和1961年的设计，超大体积、极高腰线、宽阔裙摆、膨胀的背部造型，仍然能找到1793年女装的影子。

现代女装中一种超大体积、腰线极度抬高、强调裙摆回兜的设计类型，俗称“花苞裙”或“苞苞裙”，业内把它形象地称为“花冠型”或“气泡型”“灯笼型”，由它演变而成的绽开裙摆的“娃娃裙”也在大行其道，虽然它仅是潮流中的一支，并以循环的形式出现，似乎不能作为很经典的式样一直常开不败，但我们只需以它为例，大致探讨一些借鉴设计的基本方法，那就是设计先从模仿开始。

图2-47　借鉴了古典服装造型和局部的娃娃式大A外型（DKNY）

图2-48　借鉴古典服装造型的超大体积、宽裙摆（Cristobal Balenciage）

如图2-49所示，右边的时装是伊夫·圣·洛朗1960年为迪奥设计的，简洁明了的整体造型、极高的腰线、花朵般的夸张裙摆回兜的设计，非常酷似花苞形状并由此得名花冠型，这么奇特的连衣裙搭配过膝短裤，在20世纪60年代实属极端的创意了。看似“原创”的设计，如果与1760～1795年期间欧洲女装比较我们会发现，两者具有的夸张的廓型、张扬开放的女装背部、高腰节及伸展的裙摆等特征，竟然有惊人的相同之处。

如图2-50所示，时任迪奥（Dior）首席设计师约翰·加里亚诺（John Galliano）2007年夏

图2-49　受古典欧洲女装启发的伊夫·圣·洛朗晚装

季礼服设计中的超大体积高腰线、夸张的背部膨胀，宽阔的裙摆回兜的效果和他的老师伊夫·圣·洛朗1960年的花苞型几乎同出一辙，他们的不同之处在于：约翰·加里亚诺的裙子的长度依照了2007年流行的长度，面料、纹路、色彩有区别，胸前装饰手法的不同。这样的借鉴告诉我们，模仿是非常容易做到的。

迪奥2007年夏装，注意胸前装饰手法的缠绕效果，与小礼服设计的胸前装饰手法相同，约翰·加利亚诺似乎借鉴了自己的设计细节，其实不然，这是2007年春夏系列的标志，是区别于06年春夏的重要标志，因为这些标志使品牌打上了年代的烙印，如图2-51所示。

图2-50　花冠型借鉴设计（约翰·加里亚诺）

图2-51　服装结构细节是表现款式年代的设计特征（迪奥，约翰·加里亚诺）

不止是迪奥这样的品牌才拥有花冠型的设计，流行就像一阵风，2007年夏季Pauie Ka、亚历山大·麦昆的礼服也通过这样的外形设计表达他们对时尚的态度，如图2-52所示。

图2-52　花冠型借鉴设计（亚历山大·麦昆）

如图2-53所示，阿玛尼也表明了态度，在二线品牌Emporio Armani中借鉴了花冠型设计并坚持了阿玛尼风格一贯的平直与平静。近几年的秀场中仍能看到“花苞裙”的身影，如图2-54所示。

图2-53　借鉴花冠型的设计（Emporio Armani 2007）

图2-54　Richard Quinn 2020 秋冬秀场

服装品牌特征或风格被称为品牌“符号”或“标志”，是区别于其他品牌的一种独特特征。如香奈尔的“经典符号”是由logo与粗花呢、经典四袋款、黑色小礼服、金属链、绗缝方格包、山茶花等众多标志共同构成，而一提到华伦天奴的VALENTINO经典标志，则是优雅的白色系列与鲜艳的红色系列。著名服装设计师都有不止一种“符号”或“标识”，这些符号既是区别于他人的设计特征，也是服装品牌风格得以延续的原因，留意观察、收集这些特征，对今后的借鉴设计有很大帮助。

二、外形与结构的借鉴设计

1.外形的借鉴

服装外形借鉴的方式很多，常用的是仿生设计外形、字母型外形、组合式外形。

外形的形式来源更是多元——服装史、民风民俗、穿着方式、宗教信仰、地理气候、生活习惯、生活方式等。简单阐释几例从服装史汲取设计元素的片段。

如图2-55所示，右图是MCQ2007年夏季高腰连衣裙款式，左边是1800年和1802年的女装款式，这种高腰线条的造型，被称为帝国式线条或帝政样式。

如图2-56所示，上身紧收、极强调腰围处造型的女装，其经典的外形至今被用于婚礼服和晚装设计中。这样的造型能够追溯到中世纪前，如图2-57所示，18世纪末的服装式样外形，可追溯到中世纪的欧洲。

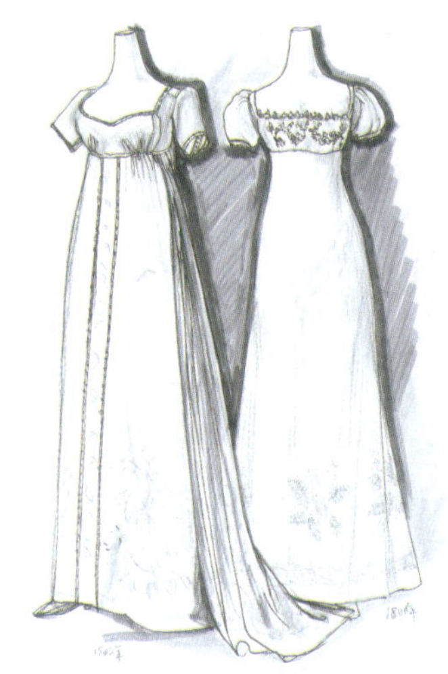

图2-55　外形的借鉴设计——帝国样式的借鉴

图2-56　经典女装外型——被广泛用于婚礼服和晚装设计中

2.结构的借鉴

如图2-58所示，左面是1950年迪奥的设计，重点保留了古典服装背部披挂设计，不同之处是将披挂造型收于外层面料内；右面是1961年巴黎世家的设计，借鉴了古典女装造型细腰的夸张造型。

图2-57　18世纪末法国路易十六的妻子安托瓦内特的服装（Marie Jeanne Rese Bertin）

2006～2007年秋冬，巴黎世家的设计师Nicolas Ghesquierei，其作品强调腰围的提高和夸张，并结合了时尚的超短外形，具有强烈的雕塑感。2020年纪梵希品牌也借鉴了这样的古典风貌，虽然实穿性不是那么强，但代表了一种新造型，是对服装结构的一次突破，使借鉴设计具有了无限魅力，如图2-59所示。当今古典主义风格盛行，很多品牌秀场上仍能看到裙腰下蓬起的设计，如图2-60所示。由服装史中一些著名的服装形制如“危险的”克利诺林裙撑得到设计灵感的服装设计也有很多，如图2-61所示。

图2-58　经典女装结构的借鉴设计

图2-59　结构的借鉴（巴黎世家 2007）

图2-60 古典主义风格（纪梵希 2020 春夏高定）

图2-61 结构的借鉴——灵感来源于克利诺林裙撑

3.形式感的借鉴

如图2-62所示，左边是迪奥2007年春夏高级时装设计，右边是迪奥1950年夏季的作品，这种典型的形式感的借鉴明显是时任设计师约翰·加里亚诺向迪奥先生致敬的作品。

图2-62 形式感的借鉴设计

4.局部借鉴

符合时代审美特征的设计很重要，创作时要考虑当季或未来季度的流行重点和强调部位在哪，是肩部、袖子，还是领口、下摆。如图2-63所示，如果当季的设计重点在肩部，造型以哪种方式表现最恰当，是圆润自然的造型，还是建筑般硬朗的造型。局部借鉴方法可用于领口、肩部、胸部、袖口、下摆等任何部位。

图2-63 局部借鉴设计

如图2-64所示，左上角是1950年夏季迪奥先生的设计，其余是2007年约翰·加里亚诺向迪奥先生致敬的作品，设计焦点被集中在夸张的口袋上。而夸张的口袋已成为迪奥品牌的标志特征之一。

2007年Stella Mccarter的作品，借鉴了1830～1835年女装夸张的袖子造型，如图2-65所示。

图2-64 口袋的夸张借鉴——迪奥品牌标志特征的延续

图2-65 古典袖子的借鉴设计

5.借鉴设计的基本方法

观察所选图片，结合时尚潮流特点考虑能继续保留使用的元素，例如，夸张的灯笼袖、胸前被提高的装饰线位置。不能使用的部分有保守过时的领口部位、裙子的裹身效果、裙子的长度、裙摆的围度等，经过几次归纳适当删减组合，使新的服装符合时尚特征，如图

2-66、图2-67所示。如果新一季服装主题与复古风格有关，则要从服装的整体造型和配饰方面加以把握，如图2-68所示。

图2-66　借鉴设计的基本方法——学习取舍（2007年）

图2-67　古典风格的借鉴设计——取舍的方法

图2-68　羊绒服装选择了复古主题——追溯经典（卡诗米娅 2020 秋冬）

第四节　故事板收集与整理

制作专题故事板是设计概念的开始，根据主题或着感兴趣的题材领域，收集某一设计方向的专题图片，在故事版里探索呈现灵感表达设计元素，逐渐细化深入，最终成为创作的重要依据。如图2-69所示是服装创意设计流程。

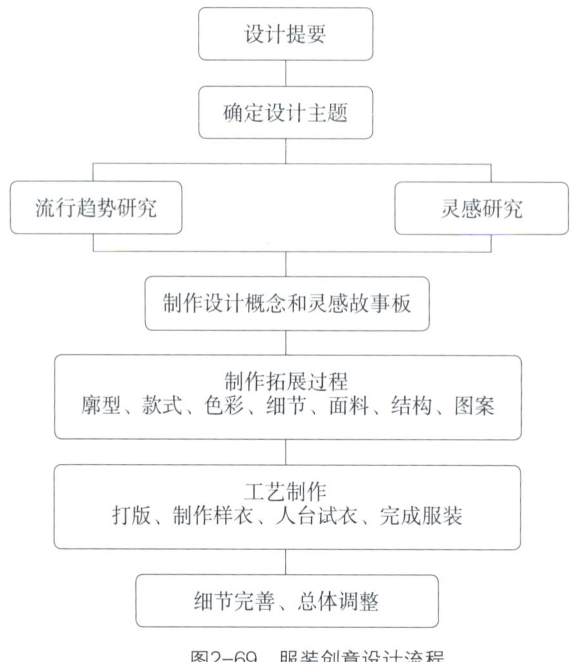

图2-69　服装创意设计流程

一、不同文化对设计的影响

如果不能直接走到世界的各个角落去体会每个国家和民族的风土人情，通过观看不同国家的电影、电视剧或歌舞剧也可以捕捉独特的视觉语境。如图2-70所示，电影电视剧、歌舞剧既能展现特定年代的风俗特征，又能站在现代人的角度重新演绎逝去年代画面。如图2-71、图2-72所示，收集西方影视剧的剪贴图，以故事题材为主题，按照色调形式制作贴画版，也可以直接用借鉴影视剧中的服装为灵感素材。

图2-70　西方电影色调与服装

图2-71　风靡世界的美国电视剧《权利的游戏》服装设计（Michele Clapton）

图2-72　电影《恶女花魁》用现代视角诠释江户时期的浮士绘色彩

二、艺术思潮对服装的影响

当代艺术的风格多元化，多彩纷呈的表现形式几乎渗入生活的每个领域，极大丰富了人类的精神生活，并为物质世界打开了一个色彩斑斓的全新局面，许多设计折射出当代艺术中的某种形式与建筑、家居材料、纺织品、服装的关联，如图2-73所示。

当代绘画艺术家、家具设计师与国际著名服装设计师的作品有异曲同工的相似，如图2-74所示。

当代艺术中具有代表性的波普艺术，其特殊之处在于它对流行时尚有着特别长久的影响力，服装设计师、平面设计师都能从绚烂多彩的波普艺术中获得灵感。波普艺术，亦称为“流行艺术”，发端于20世纪60年代左右，是以英国伦敦和美国纽约为中心出现的一个艺术运动；是一个试图推翻抽象艺术并转向符号、商标等具象的大众文化主题，探讨通俗文化与艺术之间关联的艺术运动。波普艺术是当今较底层艺术圈层的前身，波普艺术家大量复制印刷的艺术品获得了相当多评论。

英国画家理查德·汉戴尔顿曾把波普艺术的特点归纳为：普及的（为大众设计的）、短暂的（短期方案）、易忘的、低廉的、大量生产的、年轻的（对象是青年）、浮华的、性感的、骗人的玩意儿、有魅力和大企业式的。

图2-73　当代艺术思潮下建筑、家居装饰色彩与服装图案的关联

图2-74　当代艺术与时装的关联

波普艺术以玩味的态度对生活领域的设计产生了深远影响，给服装设计带来了无尽灵感，如图2-75～图2-77所示。

图2-75　波普风格图片——安迪·沃霍尔（Andy Warhol）

图2-76　波普艺术与时装——普拉达（Prada）2013春夏时装安迪·沃霍尔的花朵系列作品

图2-77　波普艺术与服装的关联

三、创作主题故事板

故事板包括灵感来源、资料收集、面料展现、创作过程、成衣展示等全套故事板，也可针对性地制作流行趋势故事板、面料趋势故事板、流行色故事板，如图2-78～图2-83所示。

图2-78　故事板——每块服装面料都要有故事版（阿萌）

图2-79　针织作品故事板及制作过程（阿萌）

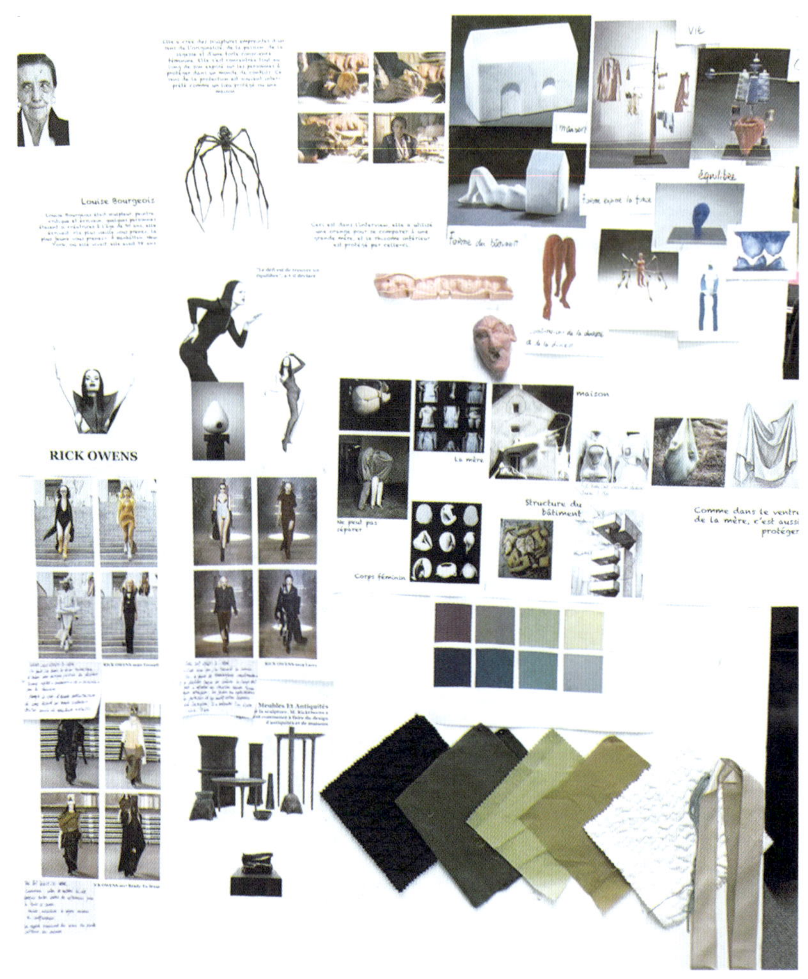

图2-80　故事板——设计的来源、外形和结构的探讨、色彩面料的表达

图2-81　故事板制作——材料的灵感表达（杨黎颖、杨钧涵）

图2-82　流行色故事板——昨日重现 2011年经典色

图2-83　流行趋势故事板—— 形色2011

典型性训练

题目：触觉练习——根据触觉感受进行面料再造及服装设计

过程：

（1）准备一个箱子或篮子，上面盖一块布，小组成员事先准备某个物品放在箱子里。

（2）互相触摸对方放置在里面的物品，感受并写出对这个物品的一些关键词，可以说答案。

（3）按照关键词，寻找合适身边的材料（不要买材料），采用任何方法做出材料样板（非服装材质都可以），保持触觉感受，根据材料样板延伸几个其他可替代的材料和相关面料一起贴到故事板上。在故事板上写关键词，贴与之相关的图片。

（4）绘制与这种感受相关联的系列效果图，找出一款做出立裁效果，修订样衣，制作成衣，拍照。

点评：只有设计师找到准确的感受，别人才能准确体验到你传达出来的感受。

小结

这一章大致介绍了服装设计从服装史中汲取灵感创作的基本方式，探讨了优秀设计师如何从服装历史长河汲取创作元素，如何结合时尚需求进行创新。

思考与练习

1. 借鉴某类艺术品、工艺品或日用品，提取可利用的元素进行服装设计。
2. 两种以上元素组合练习作业。
3. 参考中外服装史，选取自己充分理解和喜爱的服装模式，汲取造型或装饰工艺、某个局部片段，创新为符合时代特征的服装系列。
4. 收集整理浪漫主义风格、经典主义、古典主义风格等不同类型资料，准确把握特征，做故事板，做借鉴设计系列服装服装。
5. 选择你喜爱的设计师作品图片或成衣，按照设计类型需要，提取可参考使用的部分，放弃不适合的部分，进行新服装的创作设计。
6. 将朋友、自己或家人衣橱里的旧衣物，依据穿着用途和时尚特色进行改制。
7. 将制衣企业的库存进行适当改进，注意控制改制成本，以便促进销售。
8. 自选的某一主题，如建筑、绘画、电影或其他艺术主题，风景图片、美食图片、书法作品、广告平面作品等，提取所选图片的整体或局部，以此为设计依据，进行服装的款式或服装图案的设计。
9. 色彩提取。看一场电影或找一张图片，提取主色调和配色，以电影或图片的气氛作为灵感来源进行服装设计。

思考题

1. 选择你喜爱的5～7位设计师，他的“符号、标识”是什么？
2. 你喜爱的设计师们本季最新作品有哪些主要特征？
3. 观看他们的服装图片时，你能准确说出这些款式是哪一年的吗？

基础与训练——

服装廓型与结构设计

课题名称： 服装廓型与结构设计

课题内容： 流行

服装廓型与比例

结构设计

课题时间： 18课时

学习目的： 1.学习掌握外形结构设计的基本原理和方法。

2.了解流行对服装外形和结构的影响。

3.熟悉服装设计元素在造型上的应用。

4.掌握服装与人体的外形和结构设计。

训练方案： 让学生了解外形与人体结构的关系并在服装设计中加以应用。运用服装流行信息进行相关分析，在外形、结构、色彩、造型等形式上进行整合、设计。学习立体裁剪对人体和服装的塑造，了解服装外形与结构对人体的装饰、修整的应用。

第三章 服装廓型与结构设计

设计风格是由服装设计所有要素——款式、色彩、材质、配饰形成统一的、充满魅力的外观效果，设计风格能传达出设计的总体特征，具有强烈的感染力，达到见物生情，产生精神上的共鸣。找到设计主题之后，就要进入将设计思维具体化的工作过程，将设计主题、设计风格以及具体的廓型、比例、结构相结合，使服装具有一种鲜明的倾向性。

第一节 流行

流行趋势是指一个时期内社会或某一群体中广泛流传的生活方式，是一个时代的表达。它是在一定的历史时期，一定数量范围的人受某种意识的驱使，以模仿为媒介而普遍采用某种生活行为、生活方式或观念意识时所形成的社会现象。

流行好似一辆长途汽车，载着我们走向城市乡村各个角落，使近代、现代循环往复。各个历史时期、各个民族区域、各种风格流派服装都在相互借鉴，有关传统、前卫、颓废的各种新观念、新意识进行交织，不管是阳春白雪还是下里巴人，都在影响服装消费市场。服装设计师要对不断更新的审美意向和需求保持高度敏感性，并能透过流行表面现象掌握其风格与内涵。

流行已进入了一个追求个性与时尚的多元化时代，设计师必须准确把握流行特征，将自己的设计风格与时尚特征巧妙结合，才能更好地驾驭这辆“流行汽车”，如图3-1所示。

图3-1 迪奥 2009 春季高级定制系列

一、关注流行信息

流行预测资料为设计过程提供流行趋势方面的信息，这些信息包含有关消费者生活及其他侧面的描述，包括时装表演、街头风格、零售报告以及流行趋势等诸多方面的指导。

（一）流行预测咨询机构出版物及媒体

过去流行预测咨询类的出版物涉及内容非常广泛，分类十分专业，由各行业的专家组成，它们在全世界都有工作人员为自己收集情报，价格昂贵，主要服务于特定的专业人士。这些出版物中有许多手绘稿、照片，分为男装、女装、童装、针织品、服装辅料、配饰、印花纺织材料、休闲装、运动服、职业服装（工服）、牛仔装及与之相关的一切其他领域，内容涉及时装发布会、流行色、面料等信息，对未来服装的走向、色彩、造型、结构的流行进行分析和预测，对设计师、买手、生产厂家有较大的帮助。现在网络信息非常发达，有免费信息和需要购买的流行信息，成为获取流行信息的主要来源之一。

（二）以杂志形式出版的时装周刊

期刊有季刊和月刊等形式，主要关注的是一般性流行趋势，大部分是针对特定的专业领域流行预测进行总体介绍，同时还提供和市场有关的一般性信息，设计师和消费者都能从中得到所需资讯。

市场上能买得到的时尚类期刊更多注重对生活方式的关注和宣扬，将读者锁定在一定年龄、收入和社会地位的范围内，如有专门为成功人士、成熟的职场女性提供服务的刊物，有专门为年轻女孩子或年轻男性创办的刊物。它们多为提供服务人群感兴趣的内容，如服装服饰搭配、美容、居家、旅游、休闲、心理咨询等方面的综合信息。有的时尚类杂志含糊了性别的区分，在人文环境、艺术思潮、空间、科技、服装等领域进行深刻地探讨。

（三）发达的网络信息

由专业信息媒体和自媒体搜集不同领域的资讯，通过图片、视频等形式对外推送发布所有领域的讯息非常快捷方便。二十年前接收国际时装信息有时间差异，现在可以通过直播手段实时在线观看，网络时代的发展极速改变了时尚业从源头到终端的经营销售模式，网络连接着历史和未来，每个人都可能成为自己的设计师。未来，全息影像的实时传送更让人有身临其境的感觉。

二、分析流行信息

（一）多渠道的流行趋势研究

该趋势研究包括杂志刊物的流行信息，点击时尚网站看最新服饰发布，浏览网店，关注品牌直播；去看时装秀、时装博览会，参加面料博览会，参观艺术活动；养成“逛”服装卖场、面料市场、辅料市场的好习惯，对新新材料新工艺要格外留意，学会写市场调查报告。这些方法可以收集非常详尽的流行资讯，你要做的是使这些概念清晰起来并将之用到新的设计里。

（二）流行信息分析研究的内容

1.识别外形的风格

识别服装长短、宽窄造型的变化，确认外形轮廓后，注意内结构的分割特点及线条的运用。

2.款式设计注意要点

（1）肩、胸、腰、臀造型特点，宽松程度，地区性差异。

（2）腰节线位置变化，正常腰位、低腰位还是高腰位。

（3）裙长变化及下摆宽窄程度。

（4）领子、袖子变化特点及形式特色。

（5）服装穿着的开合形式变化。

（6）服装内部分割的装饰特征。

（7）整套服装的长短、宽窄程度和格局。

（8）组合配套的方式、搭配关系和风格。

3.工艺制作特点

（1）领子、袖子、省道的处理方法有无发生改变。

（2）口袋的制作方法的改变。

（3）衣摆、袖口折边宽窄的变化及制作手段。

（4）装饰手段的特点。

（5）缝制方法有无改变——如近几年无缝纫服装的出现。

4.衣料的选用特点

（1）有无启用新衣料。

（2）新衣料的外观特点。

（3）是否产生新效果。

（4）新衣料使用特点。

（5）经典面料使用是否多元化。

5.色彩的运用和变化特点

（1）服装流行色的使用。

（2）衣料质感与色彩结合所产生的新效果。

（3）服装原料辅料染色有无新方法出现。

6.图案与款式

（1）衣料色彩、花型、图案的变化与款式的结合情况。

（2）服装图案的装饰部位与款式的结合关系。

7.发型、化妆与服装的组合形式

是指发型、脸型与服装结合的协调性以及发型及化妆的装饰趣味。

8.服饰配件的变化特点

鞋、帽、提包、眼镜、腰带、围巾与服装如何搭配，纽扣、拉链、带、襻、环等辅料的使用特点，戒指、手镯等装饰风格的组合，服饰品材料质感的运用和搭配。

（三）流行趋势案例分析

1.男西服流行趋势案例分析

男式服装尤其是商务服装，流行式样不像女装那么丰富多彩、变化万千，除了廓型变化比较明显，更多是表现在细节的处理方面，如装袖形式、领口高低、驳领宽窄、驳领面领形成的角度、领子的做法、袖口变化等；此外，上衣与裤子搭配方式、裤子与鞋的搭配关系和风格等也都是男西服流行趋势的表现，如图3-2~图3-4所示。

图3-2　男西服领的变化（Paul Smith）

图3-3　西服袖的变化（Paul Smith）

图3-4 西服口袋变化（Paul Smith）

2.从时尚网站上收集流行趋势信息案例分析

流行趋势网站品类繁杂，从大数据分析到排行，从品牌风格到服装品类，从灵感来源到服装的形、质、色，从版型到工艺细节，从面料到图案，从服饰配件到纽扣全部涵盖。使用这些海量信息要从设计师服务的服装品牌和市场定位着手。

以2020/2021男装流行趋势为例，其中一个流行主题是无性别画像，它的灵感来源是随着时尚界采取含糊性别的立场，女装丰富的款式设计被男装设计所引进，女装颜色被分组巧妙地引入了男装色调。

（1）极致裁剪：剪裁是最能体现一件服装品质感的，90年代的极简主义早已成为追求极简风格的形象标杆，摒除过多的设计是极简的基本信条，Wooyoungmi的风衣剪裁干脆利落，没有多余的设计却仍保有亮眼吸睛的细节设计，如图3-5所示。

图3-5 极致裁剪——男装 2020 / 2021 秋冬主题 Wooyoungmi（图片来源：pop-fashion.com）

（2）箱型西装：西装单品越来越得到年轻市场的喜爱，除去收腰修身的廓型设计，流畅的直线条更能展现年轻人对于西装与品质的态度，箱形西装的剪裁是这件西装的灵魂要素。此外在细节的设计上Wooyoungmi也别出心裁地对门襟以及结构做出了新的诠释，如图3-6所示。

图3-6 箱型西服——男西服通过领、袖口、肩部变化来体现流行趋势 / 2020 秋冬

（3）其他品牌男西装细节，如图3-7所示。

（a）纪梵希（Givenchy）

（b）纪梵希

（c）斯特拉·麦卡特尼（Stella McCartyney）

（d）古驰（Gucci）

图3-7 不同品牌男西服板型、面料、领型、领子装饰细节变化

（4）深入分析男西服信息资源：如图3-8所示，根据男西服门襟细节排行榜描述——TOP10（从左到右为1～5，6～10）榜单显示，2019/2020秋冬款国际一线大牌重点都在细节的变化处理上，双门襟、解构、以及绑带等设计为商务西装重新注入活力。博柏利（Burberry）的门襟设计利用开口一直延伸至驳领位置，露出里布的设计，营造出假两件的视觉效果，如图3-9所示。

图3-8　来自流行网站上男西装细节变化排行数据分析截图（2019 / 2020 秋冬）

（a）博柏利　（b）博柏利　（c）亚历山大·麦昆

（d）纪梵希　（e）路易·威登　（f）迪奥

图3-9　不同品牌男西服板型、门襟的时尚变化

（四）流行趋势分析比较的方法

（1）拿相同品牌不同年代的服装进行比较，可看出主题、款式造型、色彩和面料不同，但是品牌风格在延续。

（2）拿不同品牌但定位相同的服装比较——同年代下款式、色彩比较，可看出整个时代风貌。

（3）记忆深刻的比较方法：拿同类服装今年的款式对比三年前、五年前、十年前的同类款式，就能明显看出服装款式变化，也能清晰地总结出流行脉络并梳理年代背景，如图3-10所示。

（a）阿玛尼 2018 春季巴黎时装周

（b）阿玛尼 2020 巴黎时装周

图3-10　同一品牌不同年代的同季节款式分析比较

（五）服装廓型流行趋势收集

以套装皮衣、风衣为例，可以看出服装廓型的流行趋势，如图3-11～图3-14所示。

图3-11　全色套装（香奈儿 2020 春夏）

图3-12　浊色和鲜亮色彩搭配的大廓型皮衣（Marnie 2020）

（a）Co Fall 2020 RTW

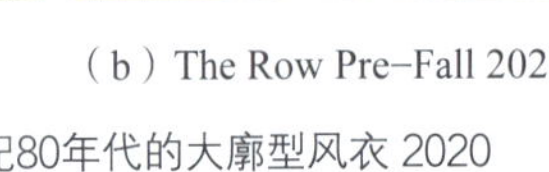

（b）The Row Pre-Fall 2020

图3-13　复古20世纪80年代的大廓型风衣 2020

（a）Bottega Veneta2020

（b）Michael Kors Pre-Fall 2020

图3-14　风衣的复古风潮

第二节　服装廓型与比例

服装廓型与比例的设计绝大部分是由流行决定的，因此你会发现许多设计师推出了相同或相似的廓型与比例设计。有的廓型运用范围广泛、时间长久，如充分体现女性身体美妙线条的X形廓型和穿着舒适的H型廓型；有的廓型则只随着流行而凸显，如近年大行其道的O型廓形。

一、廓型

在时装设计领域，廓型这一术语指的是设计的整体形状及量感，设计师用量感和造型打造出反映服装和人体之间富有含义的一种关系，有些廓型已经成为某种造型的同义词，如A型、H型、O型、T型、X型，如图3-15所示。

虽然服装史上很多流行服装出现过极端的形状和事件，如危险的克里诺林裙、令人窒息的紧身胸衣，但这些现象并没有影响人们使其对轮廓的“期望”发生变化，反而激发出更多“奇特的”现象，这就是流行导致的结果。

时装的发展变化同所处社会时期的政治、经济影响有密切联系，这种联系从某一特定时期居主导地位的服装形状上就能看到，如哥特式建筑的尖顶风格与同年代流行的高顶帽和尖跟鞋有着紧密关联。20世纪80年代，女装采用厚大的垫肩加强了对外衣肩部的修饰，与窄小的裙子或裤子组合，以大大的T型体现了对“女权”的争取，如图3-16所示。

（a）迪奥　（b）罗贝托·卡普奇（Roberto Capucci）

图3-15　服装廓型——小X型与大X型

图3-16　具有20世纪80年代风格的范思哲2021 早春度假系列

1.廓型的种类

廓型对于服装的特征和视觉感受起着非常重要的作用，也是初学设计者最容易忽略的环节，廓型拓展是设计中最重要的环节之一，有些随意创造出的外形和内部分割结构完全不是一回事，如果设计进入原型阶段，外形轮廓中的错误或缺乏想法就会在这时显现出来，这里我们探讨一些服装与人体的组合关系，常用的服装廓型及其应用。

（1）字母型——H型、X型、A型、T型（V型）、O型、Y型等，如图3-17～图3-19所示。

图3-17　服装廓型——O型圆形

图3-18　服装廓型——A型

图3-19　服装廓型——H型（阿玛尼 2020 秋冬）

（2）几何型——长方形及正方形（H型）、重叠梯形（X型）、三角形和梯形（A型或T型）、圆形及椭圆形（O型）等。

（3）流行特征分类—— 按流行特征可分为紧身型、直身型、超大廓型、宽松型、综合型等。

（4）物象型——埃菲尔铁塔型、花瓶型、花苞型、美人鱼型、郁金香型、箱型、豆荚型等。

无论服装外形如何归类，服装与人体的组合关系是年代流行的方向标，也就是说，服装的廓型具有鲜明的时代特征，如图3-20所示。

图3-20 服装外形具有强烈的时代风貌（1942~1962年代表廓型）

2.剪影分析法

无论是服装整体廓型是连衣式、两件套或者三件套组合，成型后把它们用阴影涂一下，服装廓型是否时尚、比例组合是否合理将一目了然。图3-21中上半身、下半身轮廓体积基本相等的造型，但系列中却有连衣式、上下两件、三件套的组合。

由裙子为焦点引起的廓型变化，服装外部造型一定会影响内部结构线的走向和分割比例，如图3-22所示。

由裤子为讨论点引起的服装与人体组合，你可以审视哪种组合是最时尚的，如图3-23所示。

审视廓型整体要检查周长和构成廓型的量感区，这些内容能反映服装的内部空间以及有关的内在比例，如服装长短度与人体的关系，服装宽窄距离人体有多远，这在夸张的时装廓型中比例中表现得最明显，如图3-24所示。

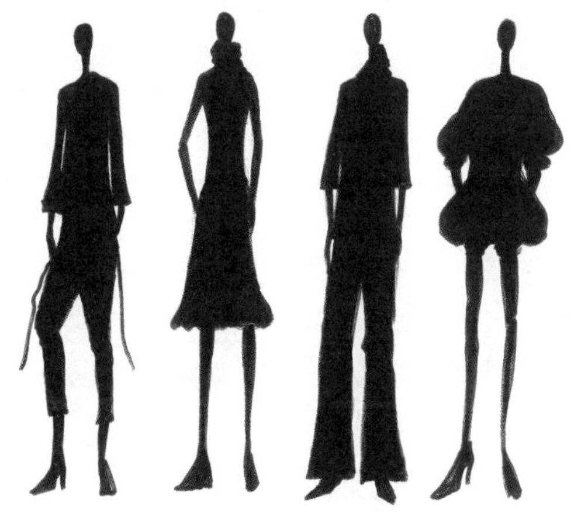

图3-21 上下装基本等量的廓型设计

图3-22 由裙子引发的廓型设计

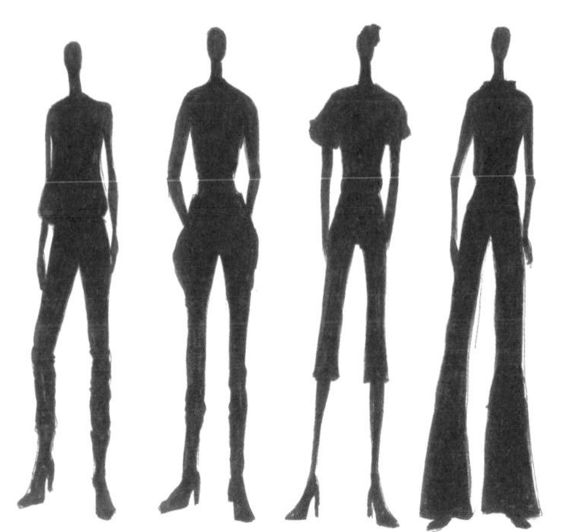

图3-23　由裤子与上衣构成的廓型

图3-24　夸张的廓型设计

3.侧面、背部的设计重要性

服装是围绕着人体展开的立体构成模式，不能只考虑服装前后效果，而忽略侧面构成效果。服装侧面和背部的结构立体化程度对整个服装影响巨大，把你的设计从前看、从侧面看、从后看，看整体形状与人体的关系如何，侧面可以更好地修正人体形态，也可以改变形态。创意服装如果轮廓外形从正面涂上阴影没有视觉冲击力，试着修改侧面来表现你设计的重点，如图3-25所示。

图3-25　侧面廓型设计

二、比例与均衡

1.比例

比例是在服装总体中各个部分的数量占总体数量的比重，用于反映服装总体的构成或者结构。服装与人体之间，服装外形、量感、色彩、面料、材质和细部与服装整体之间的不同组合，产生出无数的设计，设计的合理表现离不开比例的运用。

古希腊人发现，一个体型完美的人体、一张美丽的脸，甚至一个动人的嘴唇中，都蕴含着黄金分割的比例，黄金分割律其实是一个数字的比例关系，即把一条线段分为两部分，此时长段与短段之比恰恰等于整条线段与长段之比，其数值比为1.618：1或1：0.618，也就是说长段的平方等于全长与短段的乘积，如图3-26所示。

0.618：1是被世界公认为是最美感的比例，它以严格的比例性、艺术性、和谐性，蕴藏着丰富的美学价值。于是黄金分割律作为一种重要的形式美法则，成为世代相传的审美经典规律，被誉为黄金比例。世界著名建筑、绘画、雕塑、设计中都有它的存在，如图3-27所示。

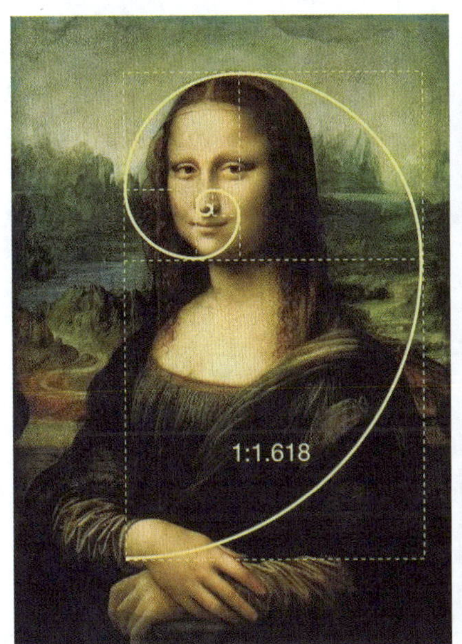

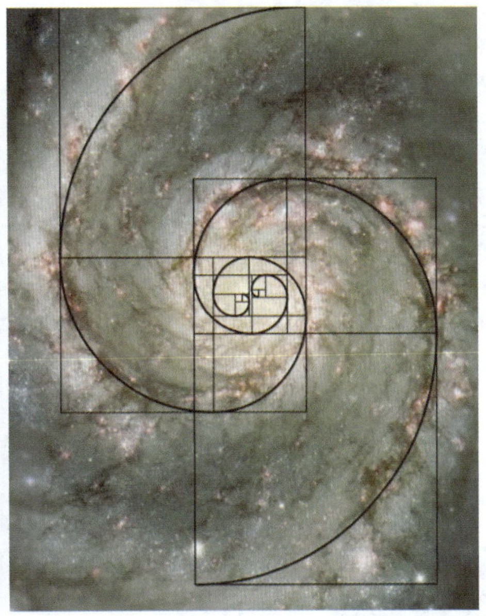

图3-26　黄金比例在绘画杰作与自然界中的体现

（a）帕特农神庙　　（b）巴黎圣母院

图3-27　黄金比例在建筑中的运用

在《米洛斯的维纳斯》这件作品中，半裸的身体构成了一个十分和谐而优美的螺旋形上升体态，富有音乐的韵律感，同时又恰当地体现了人体的黄金比例，黑格尔就曾经高度赞扬希腊人能够完美地把神的普遍性、理想性与神的个性结合在一起，如图3-28所示。

黄金比例应用于视觉艺术和服装设计中同样能获得令人满意的效果，如果连衣裙上下比例看上去非常舒服、图案装饰位置最合理时，都恰好处在黄金分割的比例内，如图3-29所示。

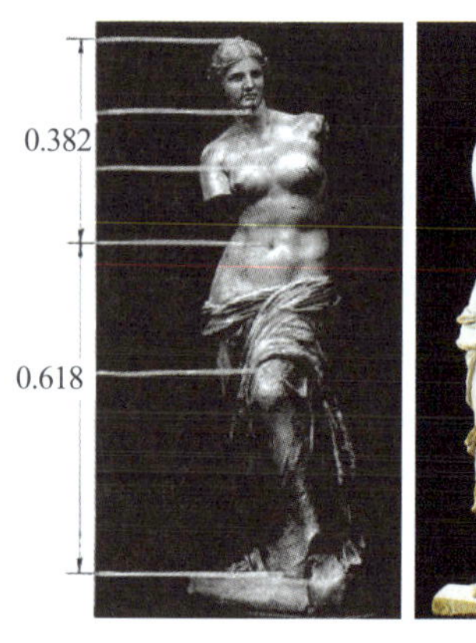

图3-28 米洛斯的维纳斯

图3-29 服装和人体的黄金比例分割

用黄金比例调节服装整体与局部的关系，如上衣外形与领子袖子的比例、三件套服装上下内搭位置、服装色彩搭配、服装与服饰配件面积等方方面面，都非常适用，如图3-30、图3-31所示。

图3-30 黄金比例在服装外形中的运用

图3-31 黄金比例在服装色彩中的运用

2.均衡

经典比例关系并非在任何时候都是时尚的，“不按比例”的设计同样也会受到青睐。时装就是在正统、传统和替代、挑战之间徘徊的，没有比例分割是绝对的“对的”或者是“错的”。人类审美观点受到种族、社会、个人等方面因素影响，牵涉到形体与精神、局部与整体的辩证统一，只要整体和谐、比例协调，都可成为美的设计。

均衡主要是指构成画面的各种因素在视觉重量上的均势，均衡可分为结构上均衡和色彩上均衡，是和心理均衡交织在一起的。均衡感是建立在一系列复杂对比的基础上，涉及古典的、当今的对比例的态度。衣服的均衡感同人的比例和体型密切相关，每个时代都有其理想的均衡，时代在变，我们对服装比例的认识也在变。服装想获得均衡效果就要考虑相对量感、色彩、造型和细部、尺寸，只有从均衡的角度满足了特定时代人们的视线要求，设计才可以说是成功的，如图3-32所示。

例如，我国黔南地区少数民族服装中的偏襟上衣虽然在结构上不对称，却通过图案的构成达到均衡，配合裙子的结构和图案的对称平衡，达到了均衡美，如图3-33所示。

图3-32　均衡——Christian Lacroix和纪梵希的设计作品

图3-33　黔南少数民族服装呈现的均衡美

三、设计元素的运用

一些初学服装设计的学生在着手设计服装时，经常被头脑中杂乱的元素困扰，设计第一套服装时，基础元素还没控制好，第二套服装中又出现了新的思路，企图将古今中外所有元素全部放在一个系列服装中，导致服装整体系列支离破碎，最终无法控制局面。这是因为设计中包含的元素越多，就越难获得令人满意而又匀称的最终结果。一个主题思想，就像是一篇文章要表达的主题，通过一种载体表现，这种载体可以是议论文、散文、记叙文、短篇小说、中篇小说、长篇小说，但无论采用何种体裁，都要清楚基本架构，不能偏离主题。

1.选择一个改变元素

服装想成为合理系列的开始，要学会控制设计元素，先从局部改变开始练习，一次只考虑一个改变——剪短、变长、加长口袋、改成立领、改门襟、改一侧结构、改左右材料、加入一个材料、改左右服装功能、改开合形式等，依次加入袖子长度宽度变化、肩部变化，系列设计会“无限”拓展，如图3-34所示。

图3-34　西装改变演示图——一次只做一个部位的改变（肩和袖长没发生巨大改变）

2.两个基础元素的组合

设计的基本元素既可以是结构分割方法选择，也可以通过色彩、材质、装饰手段体现，还可以是表达制作过程的加工技巧（比如手工缉线效果等），你能想到的所谓“点子”“想法”不仅要有元素之间的对比，还要通过一定的设计手段达到整个系列的和谐统一。

按照以上的方法选择一个基本款，运用两种不同的设计元素，如条纹和花边，就能设计出至少七套以上的系列服装，如图3-35所示。这里还没有探讨条纹斜向排列的组合，也没有进行条纹宽窄变化，设计就已显得很丰富。

初学者在学会使用少量元素后，逐渐加入元素量，然后继续进行3或4种设计元素。用到七种以上元素设计服装时，如果不具备很高的设计技巧，会感到困难重重，假使介入元素较多，可用对立统一的原理来调和。

Christian Lacroix是位能将不同时代服装概念、不同材质、多质感、多色彩组合成整体的大师，他拥有对多元素驾轻就熟的技巧，是很多服装设计师推崇的对象，如图3-36所示。

图3-35　两种基本元素运用——条纹和花边的设计

图3-36　Christian Lacroix将多材质、多色彩组合成整体的技巧

第三节　结构设计

决定了廓型与比例之后就进入服装具体的结构设计制作阶段。由于服装最终要附着于人体，为人服务，因此这一部分的学习基础是建立在对人体结构的了解、对人体活动规律的掌握上。设计风格的体现、廓型的实现都依赖于合理的、成功的结构设计。

一、服装立体化的过程

1.由平面转到立体化的设计

服装设计概念的合理性，首先能通过平面图的探讨分析出来，这是服装设计由抽象到具象的第一步。如图3-37所示，由皮鞋组合图片产生的设计概念图和平面图互相对照参考，可以找到彼此相关的或者互为补充的视觉参考要素，以便在设计过程阶段进行更为深入的探究。

图3-37　从鞋的结构提取概念，利用平面结构图探讨服装立体化的可能

2.典型性训练

开口练习：

（1）任选两块规则或不规则的布料，布料事先画出几何图案，每块布上设计3～5个开口，这几个开口可任意通过头部及四肢，穿好拍照，如图3-38所示。

图3-38　一块布的开口练习（包彩虹、董静文、赖紫媛，指导教师：赵旭堃）

（2）两块布料组合开口，完成成衣，如图3-39所示。

（3）把这些造型拍照，进行对比研究，找到认为满意的廓型，继续完善设计，某些部位可能需要加一些布块，某些部位可能要减去一些，按照这样的思路修整好轮廓造型，设计出完善的内结构线条，会得到充满创意的新廓型。

（4）拍照后小心地拆卸衣片，平铺在纸上采取纸样，注意标注布料衣纹的走向。用合适的布料完整制作一件新衣服。

图3-39 两块布的组合练习（包彩虹、董静文、赖紫媛，指导教师：赵旭堃）

训练目的：体会从平面布料到立体的变化，服装立体结构和图案会随着穿法改变而发生意想不到的变化。

3.平面的二次转换

同一面料不同的开口位置的设计，可以深刻理解服装平面和立体造型的关系，是拓展创意思维的一个好方法，这种用平面表现立体的方式是典型的东方艺术表现手法，可以使设计师对服装的立体结构有比较直观感性的认识，如图3-40、图3-41所示。

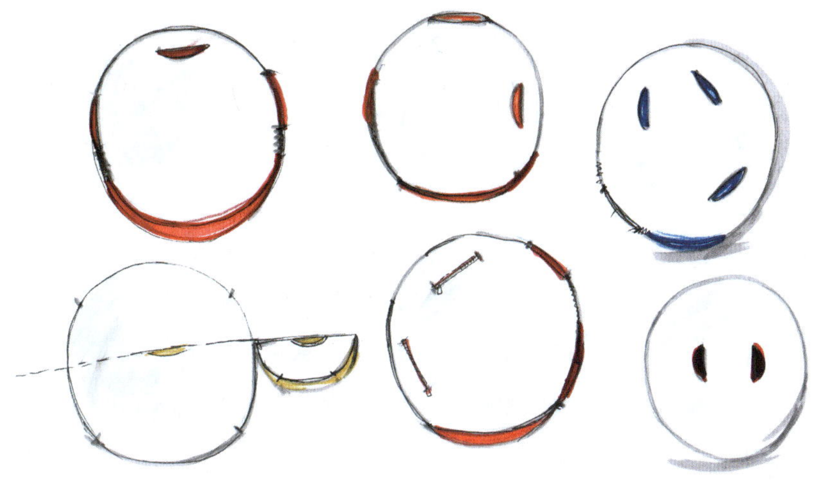

图3-40 平面开口设计与立体转换概念图

图3-41 三宅一生的服装设计——平面与立体之间的转换是通过着装者完成的

在国内外设计师品牌中，设计师通过在平面造型加量（比如折叠）立体化的过程中不断探讨，并通过顾客的穿着完成第二次创作，如图3-42所示。

图3-42 三宅一生的服装设计——平面加量（折叠）与立体之间的转换

4."减法裁剪"介绍

减法裁剪无论从字面上或是实际操作来说，都有别于传统的立体裁剪，它是基于平面裁剪和传统立体裁剪之间的一种创意裁剪手法。在平面到立体的转换过程中，"减法裁剪"的方式改变了以往由设计图到版型的传统手段。Julian Roberts在其个人网站首页上将"减法裁剪"解释为"一种中空的结构方式，适用于不同类型的男女时装、配饰及室内外产品设计"。

"减法裁剪"要求不再是用布料在人台上进行造型演变，而是在固定的筒形面料上通过面料的移除，利用现有的面料做造型的设计。这就意味着，你所移除的面料就等于你的设计。也正是因为面料在平面上移除的形状、大小不同，最终所直观呈现出来的立体形态也具有一定的随机性，如图3-43~图3-46所示。

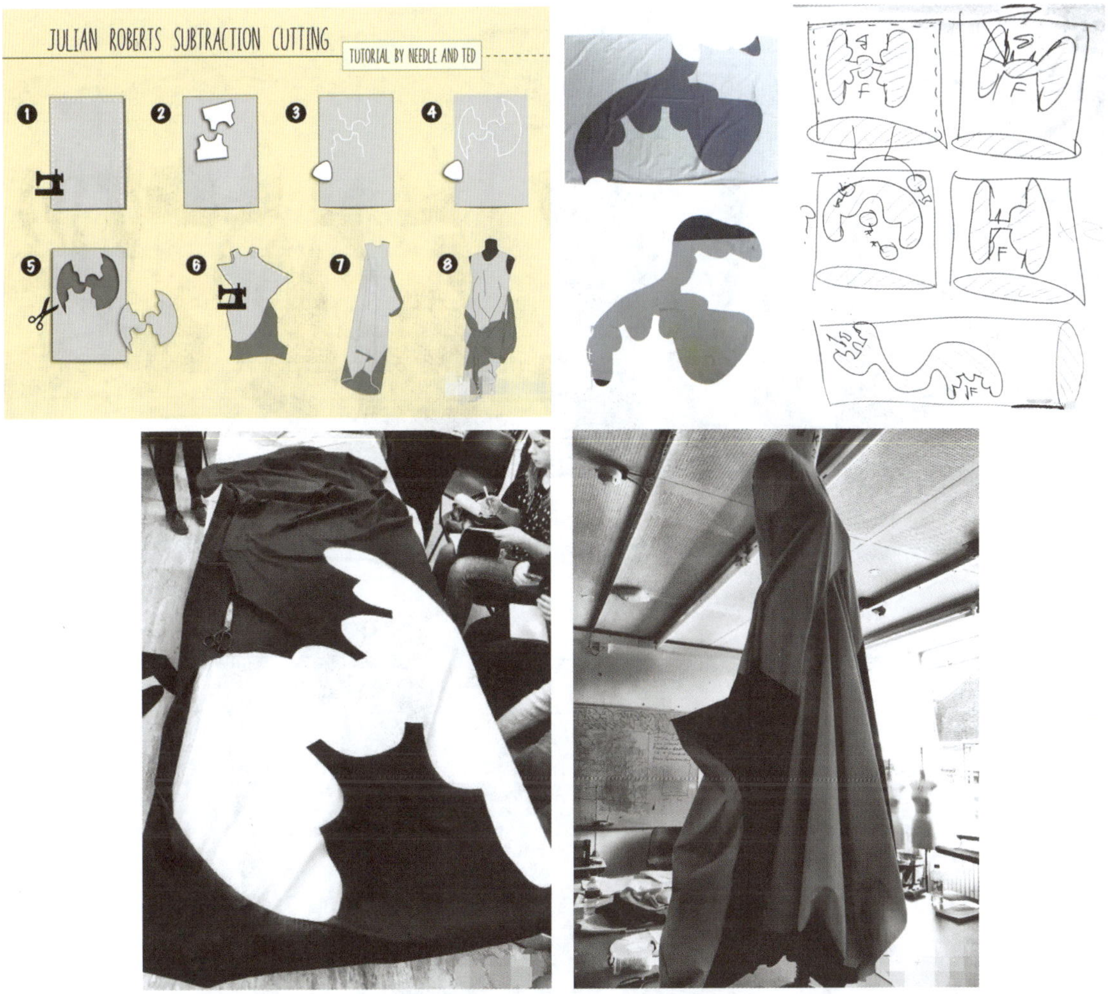

图3-43　“减法裁剪”——面料负形状的转移（Julian Roberts）

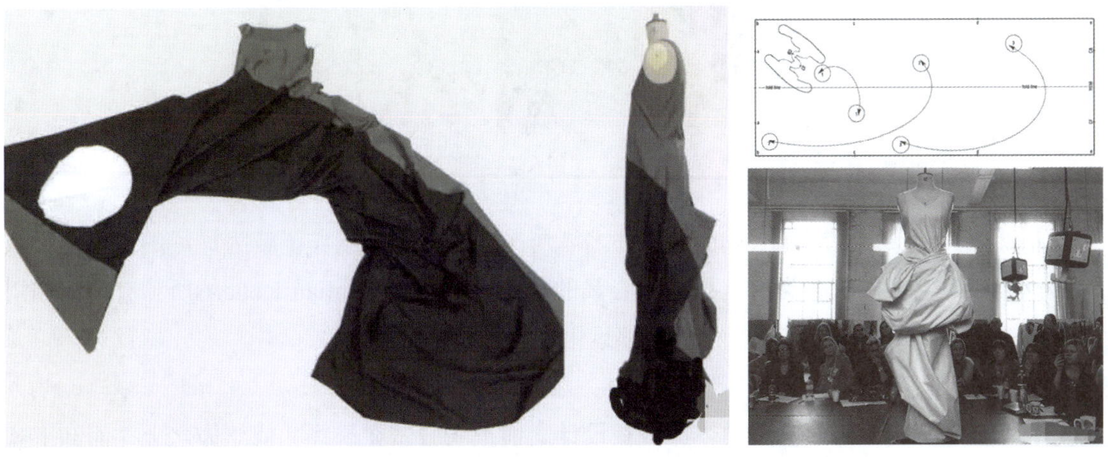

图3-44　“减法裁剪”——面料负形状加旋转构成

图3-45 “减法裁剪”——随机形成丰富的立体造型（Julian Roberts指导）

图3-46 “减法裁剪”——学生课堂练习（何天娇、刘茗馨、刘茗慧，指导教师：赵旭堃）

Julian Roberts作为“减法裁剪”的命名者与推广者，专门制作了较为详尽的教程向大众传播这门技术。实际上，类似这种别出心裁的裁剪手段也并非Julian Roberts所独有。诸如川久保玲、三宅一生和山本耀司等设计师都运用过与之相似的技术。

5.“任性裁剪法”介绍

日本设计师森永邦彦运用立体剪裁在设计之前把衣服做在这些几何立体之上，而卸下这些立体载体时，就让衣服有了独特的垂坠感和空气感，如图3-47、图3-48所示。

图3-47 “任性裁剪”——「○△□」2009 S/S COLLECTION（森永邦彦）

图3-48 “任性裁剪”——主题凹凸2009（森永邦彦）

二、立体裁剪对人体和服装的塑造

立体剪裁因其具有艺术与技术的双重特性故有“软雕塑”之称。立体裁剪具有直观性、灵活性和较高的造型准确性。

立体裁剪是一种模拟人体穿着状态的裁剪方法，可以直接感知成衣的穿着形态、特征及松量等，是公认的最简便、最直接的观察人体体型与服装构成关系的裁剪方法。立体裁剪是将布料直接覆盖在人台上用珠针别取、固定、剪刀修剪的方式；是一种通过分割、折叠、抽缩、拉展等技术手法制成预先构思好的服装造型，通过剪裁后从人台上取下裁好的布样在平面修正转换，得到更加精确得体的纸样再制成服装的技术手法，如图3-49所示。同时立体裁剪所获得的纸样也被用于工业化成衣生产，如图3-50所示。

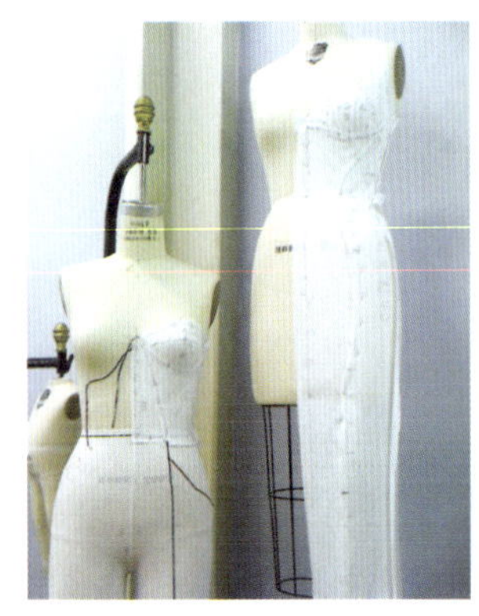
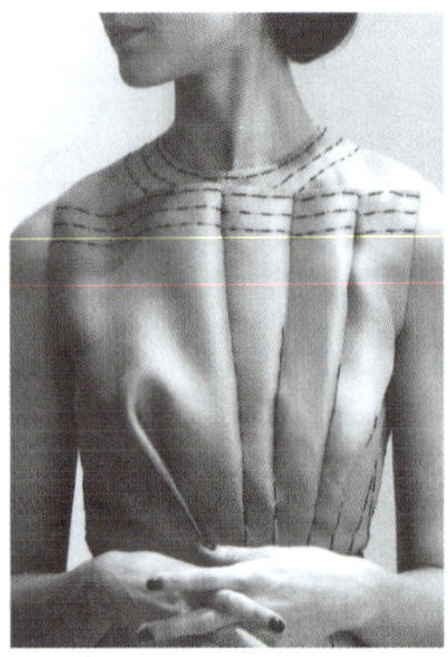

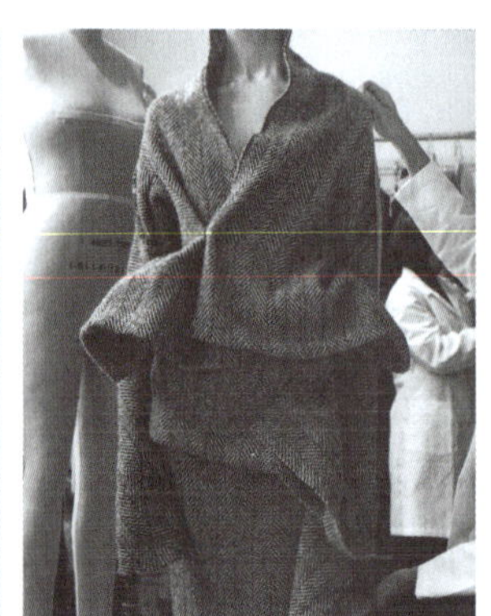

图3-49　通过立体裁剪探讨服装结构的特殊性和合理性

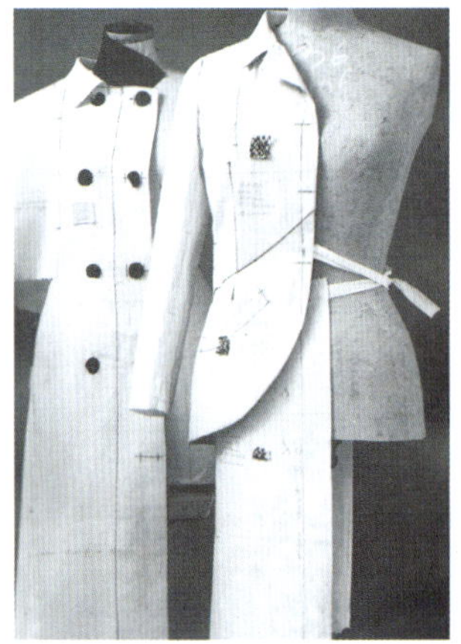

图3-50　通过立体裁剪图获取的成衣纸样适用于批量生产

在高级时装定制设计中，立体裁剪都是从里至外的制作过程，先要出设计完整的效果图，如果顾客需要挺拔的胸部效果，用替代品紧贴人台先把胸围部位塑造成顾客满意的造型，然后才把坯布铺在修正好的人台上完成制作过程，如图3-51所示。

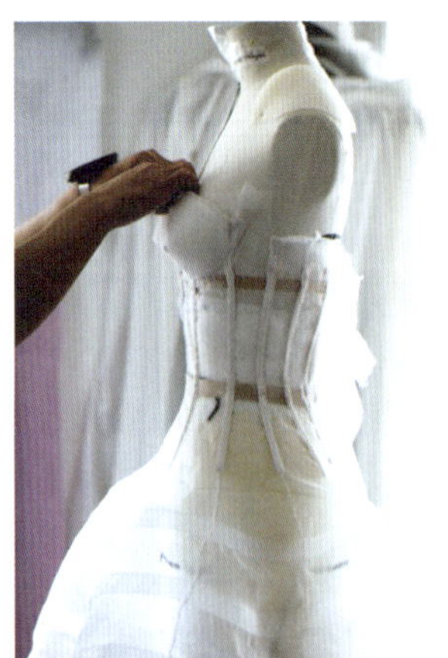

图3-51　立体裁剪——从修正身形开始

如果顾客因某种原因，希望胸部不那么引人注目，设计师就要考虑用哪些手段达到掩盖胸部、弱化胸部的目的，如图3-52所示。

图3-52　Lanvin Tyler和Loewe的设计作品

三、服装结构对人体的包装

1.服装人体的结构构成

假设围绕着人体有无数条横向、纵向、斜向分割线可以画线，先试着用纵向线条分割结构，再学习横向、斜向分割、曲向分割设计。所有通过人体的这些线条都可以连接成任何形状。这些通过分割收省来塑造人体的结构线，可顺利解决服装构成的基础，使结构设计学习显得容易理解掌握，如图3-53所示。

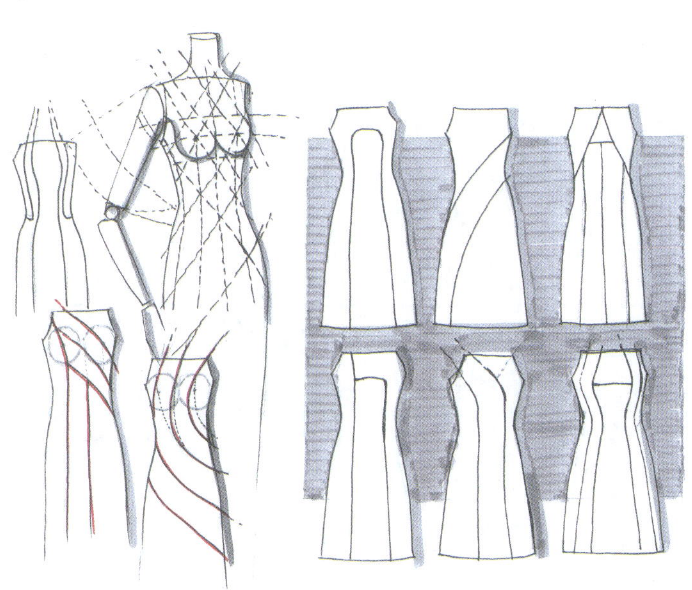

图3-53　分割结构线的设计

设计一个基本型，尝试着分别用纵向线条、斜向与纵向结合的分割线、角面分割等形式进行结构线的设计，一定能得到最时尚的分割风格，同时能发现最适合某些定位人群的服装结构线条，如图3-54所示。

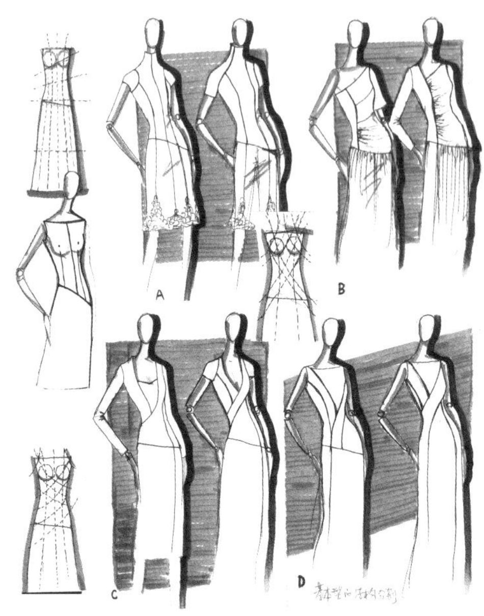

图3-54　不同的分割结构线表达不同的服装类型

1820年左右，欧洲国家以英法为代表，对女性人体的塑造包装是从里到外进行的，女装外衣轮廓的造型，得益于紧身胸衣对女人体的第一手塑造，这种塑造方式被晚装设计沿用至今。留意看紧身胸衣的分割线条是怎样为了造型的需要而通过人体“画线”的，外衣的分割线条收放自如的表现给予人体一个最美的包装，如图3-55所示。

图3-55　服装史中欧洲女装紧身胸衣对外衣的塑造

当代时装设计中，用画线分割、连接的方法可以得到很多漂亮的结构线，完整的服装设计还要注意兼顾侧面、背面的线条衔接，如图3-56所示。

图3-56　整体服装分割结构线的设计运用

用虚实结合的方法也可以完成美丽贴身的效果。这里“虚”的部位指的是服装中的褶裥，“实”的部分指的就是线性分割，如图3-57所示。

图3-57　女装中结构分割线的“虚”“实”

张扬、自信、性感成就了范思哲（Versace）2020/2021秋冬高定系列典型的范思哲美人形象，他对女性身体的塑造堪称完美，如图3-58、图3-59所示。

图3-58　范思哲高定服装经典款（2020 秋冬）

图3-59　范思哲高定服装经典款

2.结构对外衣的塑造

成衣设计中，如果胸围和腰围的差数超过10英寸（25.4cm），前后衣片中一根简单的纵向胸腰省道就不够了，需相应地多分割几处。通过多条结构线分割，结合夸张的肩部、领型和裙摆对比，完成了对纤细腰围的塑造，如图3-60所示。想使外衣腰围造型纤细有致，两个部位改变可帮助我们完成此设想——适当加宽肩部与胸部尺寸以及加大外衣衣摆围度，如图3-61所示。

如果服装腰部不很纤细，但需要表现女性化的外形，曲线分割形式非常适合这类服装的

图3-60　结构设计对外衣腰部的塑造（Proenza Schoule）

图3-61　结构设计对外衣腰部的塑造（迪奥 2020 秋冬）

图3-62 服装的曲线分割

造型。如图3-62所示，腰围以下开始宽松，张开的造型就没有分割的必要了，而服装下摆很宽的折边是流行的元素。

3.袖子的结构

服装的袖子是人体与服装组合造型重要的组成部分，非常适用立体裁剪塑造。如图3-63所示，1792年法国贵族男女服装的袖片裁剪结构顺应人体胳膊的弧度形成了非常合理完美的弧线。按照图中袖子的纱向作立裁，会得到有趣的袖片纹路走向。

现代时装设计中也很注重结构分割，路易·威登左2007年春季的时装发布中，对袖子结构的关注体现了与众不同的细节设计概念。肩袖分割一向是路易·威登的设计重点，通过这种标识可清楚地区分2008年与其他年份的款式特征，如图3-64所示。

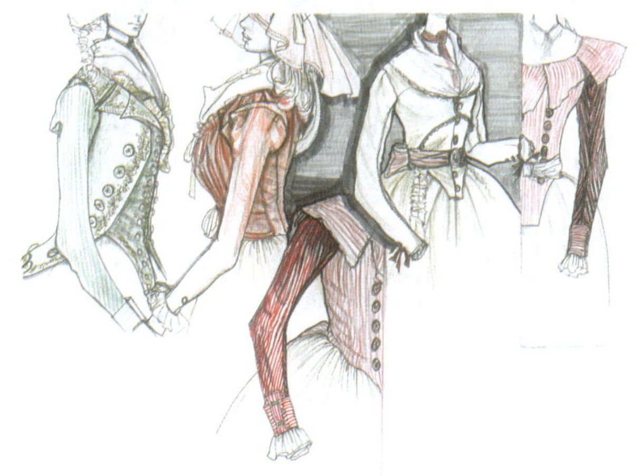

图3-63 服装史法国服装对衣袖的塑造

图3-64 衣袖分割设计——路易·威登2007（左）与2020（右）

4.结构线对服装背部的包装塑造

背面是不容忽视的部位，伟大的高级服装设计师查尔斯·弗雷德里克·沃斯（Cherles Frederick Worth）1883～1888年的作品中，对背部的塑造将结构线和装饰线合二为一，进行了多达8片的细致分割，如图3-65所示。

1987年Azzedine Alaia这两套针织时装化的设计，背部严谨而优美的结构分割线将人体包装的一丝不苟，如图3-66所示。

图3-65　沃斯对服装背部的结构分割设计

图3-66　针织服装背部结构的分割设计

时代在发展，人们对时尚的追求呈多样化状态，不拘一格的设计得到肯定。虽然服装类别不同，服装的背部设计却越来越丰富，越来越多样化，如图3-67、图3-68所示。

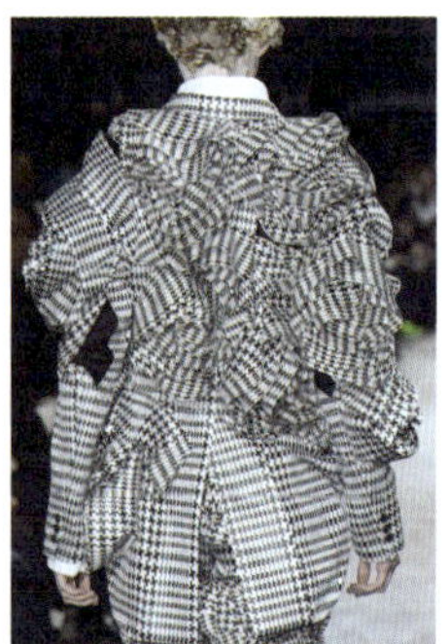

图3-67　成衣背部的设计

图3-68　高级定制女装背部设计（范思哲 2020 / 2021 秋冬）

5.侧面造型

设计师除了重视人体的正面和背部塑造，同时不能忽略人体侧面的造型。因为人体是有厚度的，服装侧面和背面塑造对服装的整体影响巨大，服装采用怎样的结构塑造侧面十分彰显设计功底，如图3-69、图3-70所示。

图3-69　关注服装侧面的设计（Yohji Yamamoto）

（a）Comme Des Garcons

（b）JIL SANDER

图3-70　关注服装侧面的设计

小结

这一篇我们关注了流行，体会了怎样观察流行并把握流行特征。探讨了服装外形与内部结构的关系，介绍了服装从平面到立体的几个基本方法，并讨论了如何通过立体裁剪塑造女装的方法。

思考与练习

1. 根据市场定位，收集今年服装流行信息，进行相关分析制作灵感来源故事版，画出系列服装效果图，对服装结构进行设计。

2. 通过一块布料的开口练习、两块布料组合练习，体会面料从平面到立体的过程。

3. “减法裁剪”和“任性裁剪”任选一个做练习，体会面料从平面到立体的过程。

4. 两种以上材质和色彩组合的服装设计，逐渐添加设计元素，利用对比与统一的关系把握设计的整体感和系列感。

5. 分析结构线对服装造型的影响，以及对服装背部的包装、对侧面造型的影响，绘制服装效果图，并另做剪影检验。

6. 选择服装廓型造型，做两种分割线的内结构组合设计。

7. 利用立体裁剪塑造强调胸部完美曲线的贴身女装造型。

8. 利用立体裁剪完成弱化女性胸围的设计。

9. 利用立体裁剪提取成衣纸样，并制作成衣。

10. 思考怎样的服装结构使外衣腰部造型显得纤细？不同的面料怎样达到这一目的？

11. 思考怎样的成衣尺寸与结构能完成女性化、宽松式外衣造型？

基础与训练——

服装色彩与面料设计

课题名称：服装色彩与面料设计

课题内容：服装色彩设计

服装主题色彩

服装面料图案的流行

服装面料的运用与设计

课题时间：18课时

学习目的：1.学习服装色彩设计的基本原理和方法。

2.了解不同场合不同穿着目的以及流行对服装色彩的影响。

3.知晓服装色彩及图案在服装设计中的应用情况。

4.熟悉服装面料性能的使用。

5.学习面料再造方法。

训练方案：1.进行服装色彩基调（时尚或民族民间主题）练习，制作故事板，进行色彩提取，并画出服装系列效果草图。

2.模拟品牌服装，根据流行趋势在服装面料市场选择面料，参考品牌服装进行面料改造。

3.根据味觉训练、触觉练习进行服装色彩和面料设计。

第四章　服装色彩与面料设计

第一节　服装色彩设计

服装整体美是由形、质、色三要素构成的，色彩的冲击力、表现力非常强烈，所以最容易被识别，色彩搭配组合形式直接关系到服装整体风格的塑造。

服装色彩具有鲜明的时代感，流行色在服装中的应用，反映着现代生活的审美特征及对色彩时尚的追求，服装设计师以其敏锐的洞察力，把来自自然、人文等时代色彩加以归纳、贯穿到服装服饰的设计中，形成流行色彩。

不同的色彩给人的视觉带来不同的象征意味和情感，如热烈、活力、优雅感、高贵感、华丽感等。大千世界，大到宇宙星空小到分子结构，色彩无处不在。天空、海洋、森林四季变化、蝴蝶的翅膀、动物的皮毛等都给我们的设计提供了无穷的灵感，如图4-1、图4-2所示。

图4-1　海底生物的形态与色彩

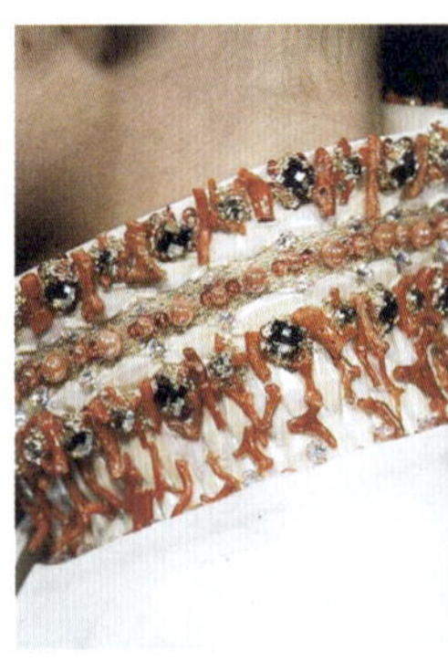

图4-2　色彩纷呈的海底世界给服装设计带来无穷想象力

绘画是表达色彩情感最为集中的载体，“分离派”大师古斯塔夫·克利姆特吸收了印象主义的色彩技巧，采用装饰性的色彩表现出特有的神秘、颓废、妖媚与情色。服装可借鉴绘画艺术中的色彩运用，使服装具有绘画般的唯美感，如图4-3所示。

夏加尔用立体主义分解法表达自己对故乡的怀恋，充分发挥他的浪漫抒情色彩，携带着故乡童话叙事诗般的想象力，把残留在记忆中的杂乱形象叠现出来，成了一幅梦的写照，一个色彩的奇境，如图4-4所示。服装的奇幻意境也能通过斑斓色彩表达得得心应手，如图4-5所示。

图4-3　绘画色彩运用与《阿黛尔·布洛赫—鲍尔》（古斯塔夫·克利姆特）

图4-4 《我和我的村庄》（夏加尔）

图4-5　手工制作的图案具有童话感（Nathan Jenden）

一、色彩设计的应用

三原色（红、黄、蓝），特指不能用其他色混合而成的色彩，即用以调配其他色彩的基本色。原色的色纯度最高，最纯净、最鲜艳。三原色分为两类，一类是颜料三原色，另一类是光的三原色，如图4-6、图4-7所示。

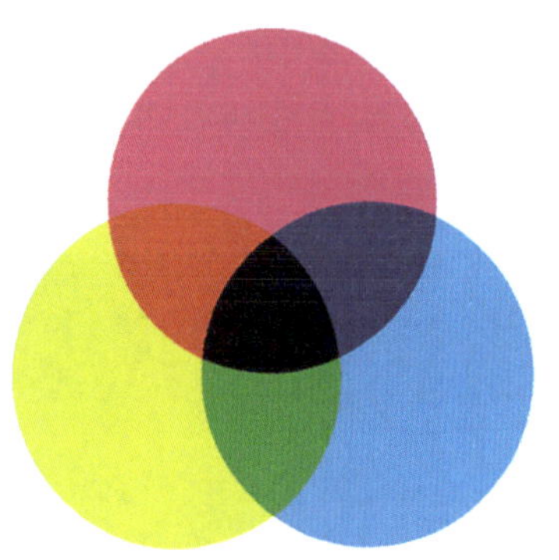

图4-6　颜料三原色重叠效果

图4-7　光的三原色重叠效果

HSV色彩模型从CIE三维颜色空间演变而来，它采用的是用户直观的色彩描述方法，色相处于平行于六菱锥顶面的色平面上，它们围绕中心轴旋转和变化，红、黄、绿、青、蓝、品红六个标准色分别相隔60°。色彩明度沿六菱锥中心轴从上至下变化，中心轴顶端呈白色，底端呈黑色，它们表示无彩色系的灰度颜色。色彩饱和度沿水平方向变化，越接近六菱锥中心轴的色彩，其饱和度越低，六边形正中心的色彩饱和度为零，与最高明度的相重合，最高饱和度的颜色则处于六边形外框的边缘线上，如图4-8所示。

图4-8　HSV色彩模型

在色彩的构成上，颜色可以用色相、明度、纯度和色调予以描述。

色相——即各类色彩的相貌称谓，如大红、普蓝、柠檬黄等。色相是色彩的首要特征，是区别各种不同色彩的最准确的标准。事实上，任何黑、白、灰以外的颜色都有色相的属性，而色相也就是由原色、间色和复色来构成的，如图4-9所示。

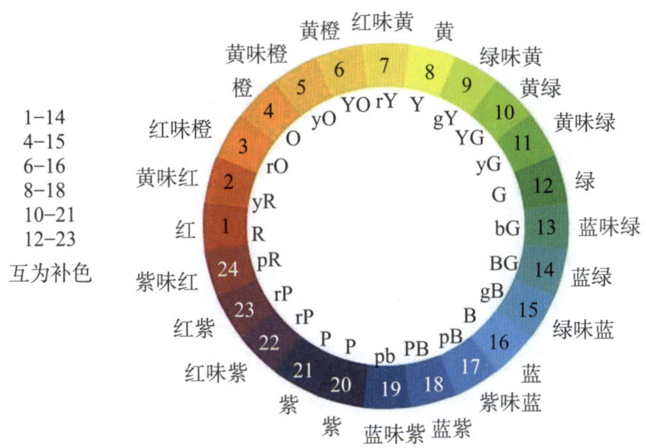

图4-9　日本色彩研究所色彩体系色相环

明度——描述颜色的明暗。明度指颜色的亮度，色彩混入白颜色越多，明度就越高，加入黑色越多，明度就越低。

纯度——描述亮度的饱和程度或效果。一个色彩加入其他色彩越多，纯度就越低。

色调——是对整体颜色的概括、评价，是色彩外观的基本倾向，分为冷暖调、含灰色调、鲜艳色调（强烈色调）、明暗色调、柔和色调几大类，如图4-10所示。

颜色能让物体产生非常强烈的视觉效果。比如，暖色和纯正色显得亲近，冷色则给人疏远的感觉；亮色膨胀，深色收缩，黄色给人感觉最大，黑色给人感觉最小。

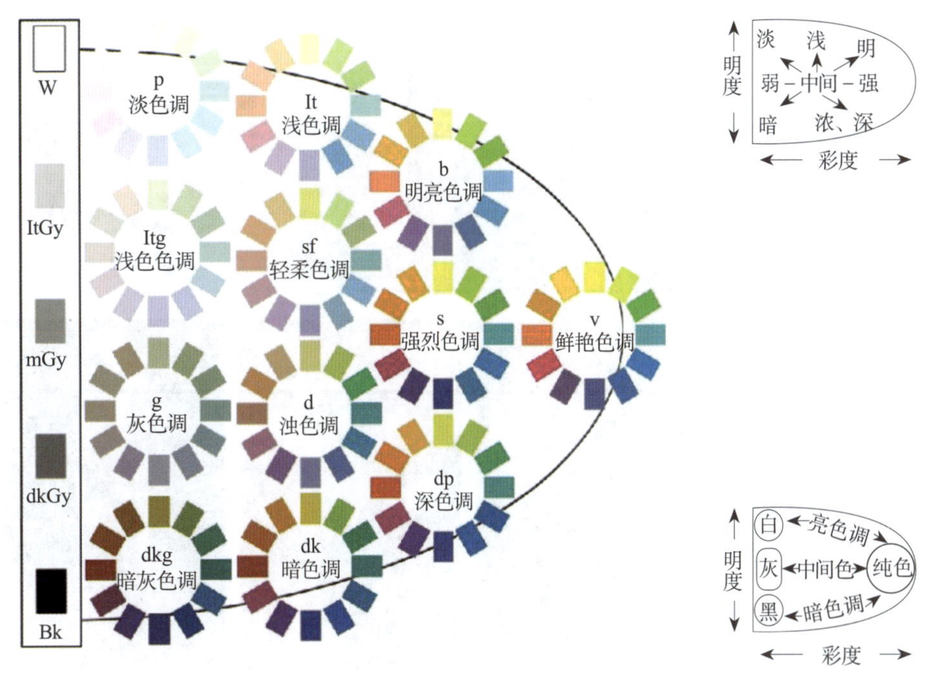

图4-10　PCCS色调图

紧挨着放在一起的颜色会给人带来不同的感受，一般情况下，颜色鲜艳的物体比暗颜色的物体显得大。

色彩搭配所要遵循的基本法则主要是色彩关系的合理性。色彩关系的合理性特指色彩与色彩之间的色相、纯度、明度、比例等因素之间的适度关系性。服装设计中没有任何两种颜色不能搭配在一起的，关键是色彩之间的配置面积、形状、比例三者关系的协调。这种协调关系受季节、流行色、社会形态、顾客接受度的影响，也受设计师个人色彩搭配习惯和喜好的影响。宜于被大多数人穿着的颜色有黑色、棕色、驼色、灰色和蓝色，这些颜色构成了绝大多数人衣橱里的基本色调，其他色系则追逐着流行的脚步循环往复，如图4-11、图4-12所示。

图4-11　东方风格旗袍色彩（金梅生）和摄影师 David Byu 镜头中的东方色彩

图4-12　LAGREN古典主义绘画中的西方色彩和当代西方常见的服装色彩

二、色彩组合

色彩关系的合理性是色彩搭配遵循的基本法则，色彩关系的合理性特指色彩与色彩之间的色相、纯度、明度、比例等因素之间的适度关系性。服装中有主色和配色的关系，色彩的组合无穷无尽，重要的是色彩关系的合理经营。

色相、彩度的高纯度对比必然形成鲜艳色组合，色彩、色相之间相邻关系越远，色彩和色调对比就越强烈，如图4-13、图4-14所示。

图4-13 色彩对比

图4-14 互补色对比——鲜艳色彩收集

相同色相放置在不同的冷暖色调中，色彩明度和鲜艳度会发生改变，这种情况在色彩设计、形象设计领域对有关服装与肤色搭配的讨论是相同的，如图4-15所示。

图4-15　相同色相放置在不同环境下产生不同的视觉效果

逐渐加入多种色彩进来，如果几种颜色之间关系搭配的不理想，试着将原来紧邻的两色分开，调整其中一种色彩的位置、面积或者调整几色之间的对比关系，给画面定个主调子，色彩之间的关系越紧密，色调越柔和。比如不同色相之间的对比，通过明度和纯度的相近达到色彩的调合，如图4-16所示。

图4-16　色相不同，明度相同，类似色纯度组合产生色彩调和逯惠然（尚东华）

冷暖色指色彩的冷暖分别。色彩学上根据心理感受，把颜色分为暖色调（红、橙）、冷色调（绿、蓝）和中性色调（紫、黄、黑、灰、白）。在绘画与设计中，暖色调给人以亲密、温暖之感；冷色调给人距离、凉爽之感。

色彩的冷暖感觉是人们在长期生活实践中由于联想而形成的。红、橙色常使人联想起红色的火焰，因此有温暖的感觉，所以称为“暖色”；绿、蓝色常使人联想起绿色的森林和蓝色的冰雪，因此有寒冷的感觉，所以称为“冷色”；黄、紫等色给人的感觉是不冷不暖，故称为“中性色”。色彩的冷暖是相对的。在同类色彩中，含暖意成分多的较暖，反之较冷。如图4-17所示为冷色调的收集。

图4-17　冷色调的收集

同一色相，只有明暗、深浅的变化称为同类色。在色相环中，相邻接的色彼此都拥有一部分相同的色素，这种容易调和的配色是类似色。邻近色有远邻、近邻之分，邻近色比较容易调和，如图4-18所示。

图4-18　邻近色产生调和（何欣桐）

三、色彩的典型性收集

在款式设计前，需要按设计主题的制订，根据市场定位，结合流行色，进行色彩收集归纳，分出色系。色系之间要过渡衔接自然。如图4-19所示为商务休闲男装类似色组合收集图，类似色中增加了对比色的过渡。商务男装款式不会有太大的变化，重点是颜色之间的组合搭配如何适应流行色。大多数服装公司直接用面料区分选择色系，如图4-20所示。

图4-19 商务休闲男装典型色调性收集

图4-20 商务休闲男装常用色彩搭配方案

色调选用因年代不同发生变化，每年流行色很多，不能全部占篇幅说明，以红色系为例解释一些相同色系的流行，是怎样通过更细致的色彩差别来满足不同需求的。红色的种类和被赋予的形式非常多，比如，从情感和用途联想——好运、福气、喜庆、古陶、火辣、火焰、温暖、中国新娘、西班牙舞蹈裙等；从装饰方面联想——红宝石、红珊瑚、红色珠串等；从警示的层面上分析——醒目、红绿灯、危险、警告、鲜血、战争；联系到大自然方面——红玫瑰、辣椒、罂粟花、郁金香、樱桃、瓢虫等；以地名、国名、习俗命名——印度红、中国红、西洋红、圣诞红等。服装设计的配色中，市场区分和使用场合不同，使各种红色有着不同的色彩感受和归属。

1.成熟女装

某成熟女装品牌秋冬色彩的收集，将深红、紫红的沉重感、稳定感，玫瑰红、桃红的艳丽、妩媚、华丽，大红的热烈、热情洋溢，都归纳在一起作为秋冬晚装组合红色，视觉上具有突出的东方气氛，有些成熟女装色系加入了更多的冷色，适合西方女性或西化女装品牌。参考著名设计师对红色的应用，依循成熟女装能接受的思路，着手完成设计概念图。成熟女装的“熟女”色调收集整理，如图4-21~图4-23所示。

图4-21 “熟女”色彩色调收集（2008）

图4-22 “中淑”女装色彩色调收集（2008）

图4-23　女装流行色中的红色调（2021）和 华伦天奴服装（2007）

2.少女装

2008年玫粉或桃粉色与清爽的嫩芽绿、翠绿、宝蓝色搭配，被称为甜蜜糖果的色彩组合，充满了甜蜜、清新、浪漫、可爱的氛围，体现出少女装的同类色与冷暖色的对比调，是小女生钟爱的色系，如图4-24所示。2020年以来，少女装的流行趋势以加入灰色的紫色调为主，粉嫩色不再占主流，如图4-25所示。

图4-24　少女装糖果色调（2007 / 2008）

在 2021 春夏中，紫色调整体向灰冷色调转变。其中带有低调质感的灰丁香色和树皮色等展现奢华气息，而较深的紫色可轻松打造华丽派对造型。

2020/2021 秋冬的紫色系浓郁面深沉充分体现了性别混合的趋势。紫色在本季呈
现两极分化。浅色冰冷的科技淡紫色暗示着潮流从精致色彩转向冲击力亮色。黑

图4-25　少女装流行色为冷静的灰紫色（2020 / 2021）

四、色彩基调系列实例

经典黑、白、灰色年年都在流行色里，只是每年都发生变化，色相、色调不会完全相同，如图4-26所示。

图4-26

图4-26　经典色黑、白、灰每年会发生色调变化（2020 / 2021）

即使是同年流行的黄色调，也会有色彩的差别和冷暖区别，如图4-27、图4-28所示。

图4-27

图4-27　2021年流行的黄色调有色彩差别和冷暖区别

图4-28　2021年流行的黄色调有冷暖区别并逐渐过渡到绿色调

同一色调在不同年份也会有不同的流行趋势，如图4-29所示。

（a）2017 年流行的雾霾蓝

（b）2021 年的蓝色流行色

图4-29　不同年份流行的蓝色调有所不同

第二节　服装主题色彩

服装设计选定的主题决定了服装整体的“定局”，如圣诞主题、万圣节主题、元旦主题、春节主题、派对主题、运动主题、工作主题等。主题能限定顾客及穿着场合，并给设计的服装系列定个“调子”。“调子”用来表现服装是热烈的还是温柔的，浪漫的还是稳重的，色彩是服装“调子”最直观的表现。

一、节日主题色彩收集

以圣诞节为例，圣诞节主题的色彩，按照国际惯例规定所谓圣诞红、圣诞绿是圣诞节专属色。大红色的圣诞红有温暖、幸福之感，以圣诞红为主色、圣诞饰品为灵感来源的系列设计体现了浓重的圣诞派对气氛，如图4-30所示。

图4-30　圣诞主题收集和服装设计概念图（王薇）

二、民族及民间主题色彩收集

传统文化对我们的影响是潜移默化的，搜集第一手材料时，特别要留意地域及民族风格的典型性，在运用这些色彩时才会做到胸有成竹。

1.青花风尚

中国特色的青花瓷色彩纹样一直备受世人瞩目，现今已渗透到生活的众多领域，如图4-31所示。

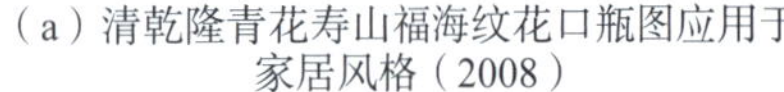

（a）清乾隆青花寿山福海纹花口瓶图应用于家居风格（2008）

（b）流行色青花瓷蓝（2021）

图4-31　青花瓷色彩纹样渗透到生活领域

有些以青花瓷色彩为灵感来源的服装设计，色彩有浓郁的东方特色，图案的内容或服装款式却不是中国的，如图4-32、图4-33所示。

图4-32　青花瓷风格的面料（布料产地法国、意大利、日本，2008）

图4-33　青花瓷色彩的服装设计（古驰 2007 和杜嘉班纳 2019）

2.传统民族、民间艺术题材

以民族题材为设计主题时调研收集相关的资料素材很有必要，不同地区的图案色彩具有典型的地域性和民族性，代表着该地区特有的风格特色。来自民族民间艺术的色彩色调和精湛的手工技艺给予服装设计无尽的创作源泉，如图4-34～图4-36所示。

图4-34　典型民间色彩收集——青海地区藏族妇女头顶巾图案、贵州南部地区侗族背带垫面图案

图4-35　典型民间色彩收集——从左至右黔东南地区、中原地区、内蒙古鄂尔多斯地区

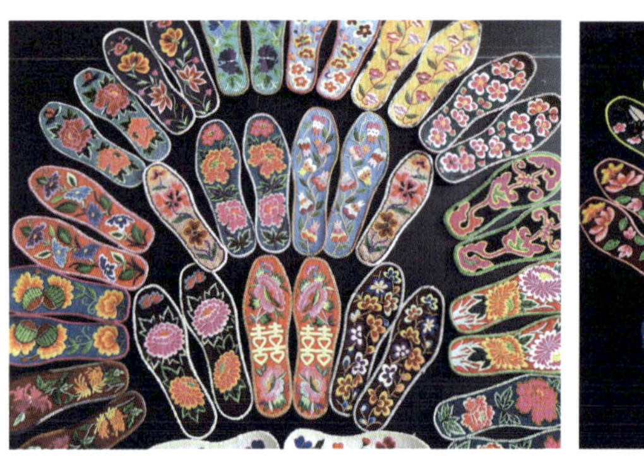

图4-36　北方地区民间色彩组合（私人收藏）

3.宗教色彩纹样与服饰

北方少数民族服装配色和图案构成受藏传佛教寺庙的典型色彩与图案影响。藏传佛教的色彩与图案明显有别于其他宗教类别的图案和色彩，如图4-37所示。

图4-37　赤峰市翁牛特旗传统蒙古族服装（私人收藏）和藏传佛教寺庙的色彩与图案

4.民族服饰实例

即使是同一个少数民族，因为地域、部落的区别，其着装形式和色彩也会有巨大差别。内蒙古自治区有28个蒙古族部落，陈巴尔虎部落的服装与新巴尔虎部落的服装服饰既紧密联系又有明显区别，信仰伊斯兰教的和硕特部落服装服饰与现在阿拉善地区的和硕特部落服饰有明显区别，如图4-38所示。此外，鄂尔多斯地区和扎鲁特地区的蒙古族传统的民间服饰色彩与装饰各具鲜明的风格和特色，在设计过程中要加以重视区分。

图4-38　内蒙古四子部落头饰和陈巴尔虎部落传统服饰（私人收藏）

国家和各地政府以及全社会越来越重视少数民族传统服装服饰的传承和保留，也鼓励民族服装服饰的生活化、时尚化探讨。全国少数民族地区传统服装服饰的广泛传播和民族服饰创新设计应用，已形成一定规模的产业模式，如图4-39、图4-40所示。

图4-39　现代民族服装创新设计

图4-40　当代蒙古族服装服饰的生活化设计——吉雅其品牌（其乐木格、索日古格）

第三节　服装面料图案的流行

一、图案的流行

图案是服装设计的重要组成部分，按照图案构成工艺主要分为：印花、织花、绣花、钉珠、拼贴、钩花图案等。印染纺织品不仅能吸引顾客，而且能轻而易举地以较快速度传达出新的流行趋势信息。以印花图案面料为例，探讨图案的流行语言。

1.图案的主题

（1）以自然为题材的图案每年都有不同的主题，如2005年夏季流行的海洋生物图案，2007年夏季流行的田园花草图案，而一些经典几何图案经久不衰。

（2）以民族风格为主题的图案，要清晰地把握现在流行的是什么，是非洲风格、阿拉伯风格、墨西哥风格、印第安风格？还是印度风、中国风、夏威夷风或是日本风？如果是多种风格共存，则要判断是哪种风格占据主流。

（3）以其他题材为主题，首先要关注面料的肌理纹路、图案风格是否反映了新的主题，如古典主义风格、波普风格、颓废风格、未来主义风格等。

2.花型的构成意义

（1）是写实的图案还是写意的花型？

（2）花型是尖俏的，还是浑圆的？

（3）花朵形状是饱满的还是瘦小的？

（4）是抽象花型的还是几何形的？

（5）如果是几何形图案，现在是流行方型、三角形还是曲线图形或圆点图案？几何图案是大是小？

3.看印花类型和花域布局

（1）循环印花图案在布料上的布局是密集构成还是疏散分布的？

（2）单向印花图案分段式的排列情况：现在流行的是由花型渐变构成的图案组合，还是其他形式的分段图案？单向印花的布料在使用时，面料只能顺着一个方向裁剪。

（3）定向印花是在衣服制成后才加上去的，还是裁片印花的？

4.看印花效果

（1）当前流行的是单色印花效果，还是套色效果？

（2）印花色泽与流行色的匹配情况。

（3）色彩混合时是否有晕染效果？有无伴随着烂花印花效果或蜡染等肌理效果？

（4）色彩过渡是柔和的还是硬朗的？

5.看印染技术

（1）当前的流行直接影响到印花图案给面料带来的纹理外貌是否能被顾客接受，是纱染、坯染、还是成衣染色，用的哪类染料等。

（2）染整时是否同时伴有其他装饰效果，如轧花效果，起鼓、起皱效果或者波纹效果。如果结合刺绣、订珠、订亮片等其他工艺，印花图案的面料组合将会更加多样。

二、面料印花图案实例分析

花型和印染效果观察要点：是写实还是写意花卉，印花是边界清晰还是柔焦印花的晕染效果？花型的装饰味道浓厚，造型尖俏，色调沉稳。2008年夏季女装印花，花卉图案写实，外型圆润，色泽鲜艳，与2006年花型尖锐形成了鲜明对比；而2018年和2020年在花型和色调方面与2006年既相似又不同，如图4-41～图4-46所示。

（a）2006 年

（b）2008 年

图4-41　夏季印花面料图案和色泽实例

（a）2008年

（b）2018年

图4-42　夏季印花面料图案花型和色泽

（a）2006年

（b）2008年

图4-43　夏季印花面料圆润花型和主要流行色调

（a）2008年

（b）2018年

图4-44　印花面料图案圆润花型主要色调

图4-45　2008年印花面料图案——花朵碎、间距密集

图4-46　2020年印花图案——花朵大、间距远

三、图案的主题

1.浪漫田园主题

如图4-47、图4-48所示，浪漫的主题是通过田园花草图案表达出来的，其特征是花卉写实，线条自然。

图4-47　图案体现的浪漫主题（2005/2006 春夏）

图4-48　田园浪漫主题的服装面料图案（2006/2007 春夏）

2.非洲风格主题

早在20世纪60年代至80年代，许多服装设计师就已经关注到非洲这一热土了，如图4-49、图4-50所示。在2006年夏季，面料市场上能轻松发现非洲风格图案的面料，如图4-51~图4-53所示。

图4-49 灵感来自非洲的设计（伊卡·圣·洛朗 1965 / 1966）

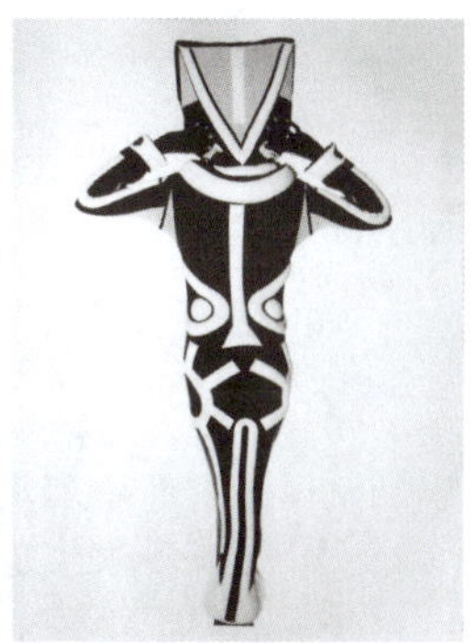

图4-50 非洲图案的运用（三宅一生 1999）

图4-51 非洲风格的服装面料图案

图4-52 非洲风格面料图案和三宅一生设计的服装

图4-53 非洲风格的服装设计（三宅一生 2004）

3.几何图形主题

直线或曲线造型的几何图案每年有所不同，图案有大有小，有的以硬朗尖锐为主，有以圆滑曲线为主，如图4-54~图4-58所示。

图4-54　几何图案的大小变化（2020）

图4-55　规则的几何图形与不规则的线性几何图案（2020）

图4-56　曲线几何图形图案——用黑皮绳勾勒的半圆形图案（Christopher Kane 2008）

图4-57　圆点图案服装和面料

图4-58　圆点图案的面料（三宅一生 2006）

4.女装中的经典图案

野性的豹纹和柔美的玫瑰花等图案历年来一直是女装中的经典图案，如图4-59、图4-60所示。

图4-59　豹纹图案面料和以豹纹为主题的时装设计

图4-60　玫瑰图案面料和以玫瑰为立体结构的时装设计（Comme Des Garçons）

第四节　服装面料的运用与设计

面料的不同质地外观就像性格外貌迥异的人，我们要识别料性的悬垂软柔、坚硬阳刚、艳丽妖娆、清薄妩媚等特征，并合理应用它们，使面料成为服装灵魂的一部分，与服装风格紧密结合。当然，我们也可以自己动手，设计出有风格的服装面料来。

“洛可可”一词具有“螺贝”的意思，是指法国路易十五时期（1715—1774）所崇尚的艺术风格，其特征是具有纤细、轻巧、华丽和繁琐的装饰性。洛可可风格的服装面料风行于18世纪的欧洲，其中“德·蓬帕杜尔夫人”的服装轻快柔美、装饰精致，在服装装饰上已经达到登峰造极的地步。“洛可可”造型艺术充分体现了高雅昂贵的浪漫主义装饰风格，如图4-61所示。

图4-61　弗朗索瓦·布歇的作品《德·蓬帕杜尔夫人》中精美的洛可可风格服装

一、了解织物

1.面料风格——料性

面料的原料成分、面料组织纹样、织造密度和肌理共同影响面料性能，例如质感、厚度、手感、保暖性、吸湿性、排汗性等。外观的透明度、光滑度、颜色、图案、悬垂感等料性对服装风格和款式的影响非常大。

熟悉布料的风格很重要，在这里不能详细地探讨织物的分类和性质。不同的织物要求用不同的方法进行处理。比如一块绒毛很长的人造毛皮和一块透明织物的工艺处理方法就很不一样，透明面料所有接缝和修整都看得非常清楚，对它们所采用的分割线也有区别。尝试使用不同的布料有助于设计师扩大视野、积累经验。

织物的风格通常是指其手感而言的，手感是指布料给人的触觉感受。

- 干——绉纱、超薄面料、结子绒面料
- 挺括、有纸质感——府绸、塔夫绸、蝉翼纱、透明硬纱（广东俗称“欧根纱”）
- 光滑——缎纹、丝绸、人造丝
- 滑腻——桃皮绒
- 油滑——腊布
- 上光、上漆、漆印——尼龙、涂层
- 长毛绒——丝绒、仿绳绒、天鹅绒、长绒大衣呢
- 流畅——细平针织物、雪纺绸、乔其纱、丝绸
- 抛光——丝光棉
- 坚挺——劳动布、卡其布
- 毛毡——羊毛、绒毯布
- 拉绒——马海毛

2.选择材料织物时需要考虑的问题

材料织物在此特指与服装有关的面料、里料、衬料及与服饰配件有关的所有纺织产品和针织产品。

（1）重量：决定衣服的悬垂性。套装裤子、长裙、修身晚装需要悬垂感强的面料。

（2）成分：织物的原料成分、比例决定了服装设计的类别。

（3）组织：织物组织构造影响服装面料的肌理外观、服装类别和制作过程。

（4）密度：直接影响材料织物的重量、悬垂感、手感、外观、料性等所有性能。

（5）色彩：与服装款式强调的部位、对比板型、印花图案有关。

（6）宽度：织物的宽度决定纸样尺寸大小，在设计时要重点考虑这个问题，避免出现不必要的接缝和材料浪费。

（7）价格：服装市场定位决定了选用织物材料的价钱。

二、面料的再设计

当代纺织材料的更新速度不断加快，但服装设计师衷情于对面料某种“形式和功能”的喜好与探索，给面料带来了“第二次创造”，他们对新型材料的性能和纹路的尝试，最终被纺织业接受并走向了工业生产。许多“观念艺术家”用布料创作的艺术品，引起了著名设计师品牌的注意并被运用到高级时装设计中。

1.面料的灵感来源

花些时间探讨新的面料开发，这很有价值。不论做什么，有自己的想法是最重要的，如果没有自己的想法和理念，就谈不上机会和体验。与服装设计的灵感来源一样，面料的再设

计也会因为某张图片的启示而萌发灵感，如图4-62~图4-69所示。

图4-62　仿制时装杂志图片中的面料肌理是学习材料再造的好方法

图4-63　向品牌学习面料装饰——点的密集排列形成图案（古驰）

图4-64　灵感来源于“朱丽叶留言墙”和模仿石头的面料再造

图4-65　来源于梯田图案的面料设计（指导教师：吴晓波）

图4-66　面料的灵感来源——桃花落地

图4-67　以珊瑚为灵感的面料设计（赵旭堃）

图4-68　由刺槐、大棚植物蒿草为灵感的面料再创造（赵旭堃）

图4-69　面料的来源与服装设计概念

2.面料再创造在服装中的运用

面料的再创造又叫二次创造、三次创造、多次创造。通常伴随着服装的装饰手法，有加法、减法之分。

（1）加法的使用：在布料原有图案的基础上用订珠、订亮片、订石头或用任何一种材料再次装饰，例如在不同面料上的拼接、绗缝、布料贴补；缝纫前给服装裁片加刺绣图案、改变材质或加工整理，如机器绣花、贴补绣花、堆砌纹理、盘带、盘绳、抽褶、叠褶缝、打褶等，如图4-70~图4-74所示。

图4-70　钉珠管、钉珠、钉亮片等材料堆积重叠的面料肌理效果

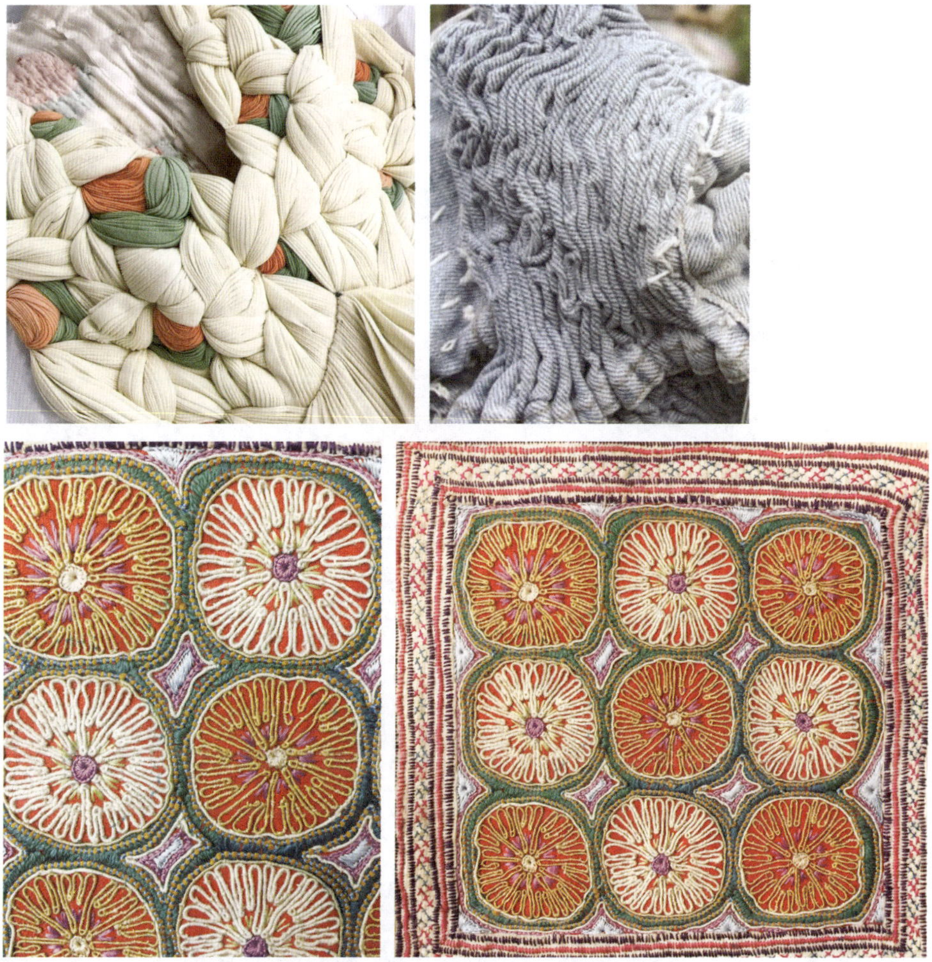

图4-71　用线绳盘绣、缠绕堆积的面料肌理

图4-72　面料再造的综合手法

图4-73 混合材料的纤维纺织品（Tanana Takite by Marit Fujiwara）

图4-74 面料加法——材料重复、重叠、弯曲扭转等综合手法

（2）减法的使用：如雕绣、抽纱、挖洞、镭射图案等，如图4-75所示。

面料的再创造不仅限于一次简单的加减法，多种手段的综合使用，如材料重叠、手工印染、刺绣、镶嵌、盘纱、订珠、订片同时进行，丰富了图案的层次和立体感。

图4-75　面料减法——服装袖口裙摆的裤子雕花挖洞（Fendi xiu House of Holland）

3.高级定制面料

高级定制服装用到的大量手工制造的面料对服装起到了价值提升的作用，也启发了纺织企业的面料创新，如图4-76、图4-77所示。很多设计师利用各种材质在工厂起版加工特殊面料，试探性地评估了加工过程、成本，为批量加工找寻可靠的条件，如图4-78所示。

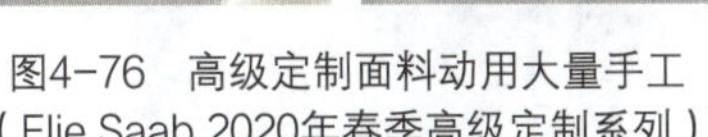

图4-76　高级定制面料动用大量手工（Elie Saab 2020年春季高级定制系列）

图4-77　高级成衣品牌手工制作服装局部肌理

图4-78　设计师在纺织企业起版的面料设计

4.市场化的面料

纺织企业市场化的面料也就是设计师从布料市场上可以买到的面料，这些工厂化面料的印染、珠片绣、缎带绣、提花面料加刺绣、花朵立体绣、盘绣图案等丰富的肌理，给服装设计师在材质创造方面更多的信心，如图4-79所示。

图4-79　市场上能买到的风格化面料

三、服装材料开发的领域

纺织品及服装材料开发更新速度越来越快，无论服装材料的丰富性、功能性或非服装材质的介入都可以通过服装材料领域的技术性得以实现，很多纺织企业的辅料生产技术走在了服装设计师前面，给设计提供了广阔空间。如图4-80所示为3D打印的高定服装，服装设计师必须关注新材料、新面料的产生和发展方向，才能自如启用新面料。纺织品舒适性的提高，使穿着合体、修复体形、跨季节、多功能、附加值、重量轻、环保性等方面的功能得以实

图4-80　3D打印的高定服装（Iris van Herpen）

现，充分满足人类对高品质生活的追求。

特种服装如军服、消防服装的创新更多集中在纤维材料的独特技术方面。越来越多的服装种类选用了新材料并同时增加了新功能以迎合市场上的特殊需求。第四代鲨鱼皮（FASTSKIN LZR RACER）泳衣，最大限度减少面料表层阻力，成为游泳健将“夺冠”保证，虽然因价格昂贵而受众极少，但它独特的抗阻材料，拓宽了特殊材料开发的道路，如图4-81所示。

1.面料领域的开发方向

（1）传统面料的进一步开发：彩棉的种植，防水涂蜡棉的开发，羊毛混棉和羊绒混棉共存的防缩整理，对棉和亚麻进行免烫、抗污整理等。

图4-81　第四代鲨鱼皮（FASTSKIN LZR RACER）泳衣

（2）非传统面料资源开发：随着人们对健康的需要，对环保意识的增加，加之绿色植物能够很好地保护人体健康要求，一些天然纤维材料如大豆纤维、玉米纤维、竹纤维等制造的面料得到发展，黄麻与其他纤维混合以增强面料的耐用性，剑麻或泥炭纤维与其他纤维混合具有很好的抗静电性、低过敏源及吸收性。海藻有很好的治病效果，溶于水且抗燃也得到研究发展。

（3）合成聚酯纤维的革新：聚丙烯纤维，传统上用来打包、做袋子的纤维，能用来生产出结实、精细的防水面料，保暖性能好。聚乙烯纤维，传统上用来打包做旗子用，现在用来做一次性时尚用品。聚氯乙烯纤维（PVC）由于具有热敏性，用于整理或织物涂层和热定型，制作一些有趣的时尚时装产品。

（4）其他材料：如金属、陶瓷、橡胶、玻璃和纸的混合拓宽了服装的个性需求和特殊需求。

（5）纳米技术：现在的“纳米技术”已经开始改善服装面料性能了，使面料具备了防油、防污、防腐、防水渍的效果。

2.纺织品的创新性开发

（1）随着纺织材料的开发出现了许多新名词，“服用性”“高性能”“智能化”“技术含量”“智慧化”等。这些词是用来描述具有类似透气性、抗菌性、防紫外线（UV）、防辐射等功能性的面料。

（2）服用性和智能化之间有不少交叉的地方，有些“聪明的智能服装”得益于能敏锐地捕捉人体温度变化的材料，同时面料的颜色受到光和热的影响发生改变。智能面料不仅保护我们的身体，甚至能替我们的身体“作出决定”，出现了诊病服装、安全检测服装等智能材料服装。许多科研新面料有效的调节功能和防病防毒功能，可以适应更复杂的环境，令服装适用范围更加广泛，这些产品的出现已经不仅是为了美化生活，而是用来达到某种用途。

（3）特种服装类别更需要借助纺织科技水平的创新，例如军警服中的防弹服、隐形服装，消防服中的防毒、阻燃功能服装，炼钢工人的高温作业服，高空服中的太空服、飞行服（图4-82），防静电、防辐射的特殊作业服，潜水服等。

图4-82　奋进号宇航员太空舱外服

（4）未来的纺织品设计会将更多精力集中在节约能源、环境保护方面。如果有一天，款式过时的衣服可以直接作为饲料，不必惊讶，因为那是使用可循环可降解的材料而制作的时装。

小结

这一篇我们接触了“深奥而枯燥”的色彩基础，使用实例介绍了用什么方法抓住色彩的典型性。分析了印花图案的流行信息。熟悉了面料的基本性能，介绍了面料再创造的基本方法。

思考与练习

1. 根据服装市场定位，收集今年此类服装流行色，进行相关分析，制作流行色故事板。

2. 根据味觉联想、听觉联想，分别制作与之相关色彩故事板，设计一系列与此相关的服装。

3. 根据中国传统民间文化主题，进行典型色彩收集，制作故事板，进行服装系列设计，清晰地绘制平面工作图，从系列设计图中选取一件制作成衣。

4. 针对中国某少数民族地区部落服装服饰进行严谨的调研，分析该民族的服装服饰文化起源及传承现状，自定主题，制作故事板，画创新设计系列草图，寻找合适的面料，做出其中一款成衣。

5. 选择你喜爱的服装图片，模仿图片中有趣的部分，制作面料肌理片段。
6. 利用非服装材质进行服装面料的设计，做系列设计效果图，挑选一款做出服装。
7. 自选主题进行面料的再设计，制作故事板，并设计系列服装，制作其中一件成衣。

应用与实践——

从设计到实践

课题名称：从设计到实践

课题内容：寻找服装设计方向

成衣系列设计

实战训练

课题时间：36课时

学习目的：1.运用服装设计基本原理和方法进行服装设计。

2.了解服装设计的方向。

3.掌握成衣服装设计程序。

4.学习服装系列设计的方法。

训练方案：通过对服装市场的调查，根据流行趋势，选择面料进行服装设计，学习服装面料、辅料的综合运用。

学习服装市场的运作知识和设计经验，熟悉服装工艺。

邀请顾客和有经验的服装买手前来评判设计。

第五章　从设计到实践

任何一个社会都是由政治、经济和文化三大要素组成的，服装设计是现代时尚产业和时尚生活的组成部分，具有非常鲜明的时代特征，流行服装更是代表了人们的意识形态、生活方式和价值取向，设计师必须按照目标消费对象需求及当前社会价值观和时尚潮流，来引导并提高人类的生活方式。

服装设计产品对外展示有两种基本形式，一种利用秀场宣传作为艺术展的展品，另一种就是直接提供给消费者进行选择购买。从学习设计理论到为市场需求而设计是服装设计者必须面对的转变，这是一个从量变到质变的台阶，也是服装设计师的必由之路。如何设计出既能满足人们物质文化的需求，又能满足人们精神文化需求的服装产品？核心是设计师通过对市场的深入了解及丰富的工作经验，把个人修养与市场风格巧妙地结合起来。

服装设计的目的是传达理念，将设计“翻译”成大众能够理解的有效视觉语言并被他们所接受。通过市场调查，充分了解顾客需要什么服装产品，尝试将产品设计、市场营销、品牌营销、公共关系等方面进行全方位考虑，把对潮流的把握、材料的搭配等设计细节结合到一起，然后进行梳理、比较，看哪些元素对产品是有用的，将经过选取的元素用效果图或者款式图的形式表达出来。

初学设计者总期望设计出市场中没有的款式来，甚至追求“空前绝后”“一鸣惊人”等无视市场规律的想法和做法。但是，市场上不存在的设计往往意味着是市场对某种不合理设计元素的拒绝，或者需要时间的等待。创新必须在市场允许的前提下完成。

第一节　寻找服装设计方向

一、服装设计领域

服装设计有不同的市场领域，每个领域都有其自身的独立特色和鲜明特征。我们最常接触的服装市场定位是以性别、年龄、职业、收入、地域和穿着场合加以判断区分的。

服装设计领域按市场种类分有职业服装、时装、休闲服装、童装、家居服、内衣、运动服装、舞台服装等不同服装类别领域；设计师从事与服装专业密切相关的工作岗位，例如品牌服装设计师、独立设计师、个人服装工作室、服装买手、服装销售、服饰陈列、形象设计、服饰产品设计、服装公共关系助理、时尚杂志期刊的编辑、纺织品代理等岗位。

无论从事何种类别工作，对时尚的高度敏锐及对行业加工技术的充分理解和市场需求的准确判断，是成为优秀服装设计师的必修功课。

（一）高级定制

高级定制服装源于巴黎著名的设计师Charles Frederic Worth，他于1858年在巴黎开创了高级定制服装的先河，最终成为法国人崇尚奢华古老传统的代表，并被命名为“Haute Couture”。而英语直接借用法语，“高级定制”简称“高定”。

在法国，高定的命名是不能自封的，而是必须达到严苛的标准，才能获得法国高级时装协会（La Chambre Syndicale dela Couture）的认可。

> 高级定制品牌的申请标准：
>
> 所有时装及配饰均为私人客户设计制造，按订单生产，纯手工完成；
>
> 必须在巴黎有工作室，至少有15个专职人员，常年雇用3个以上的专职模特；
>
> 每年参加法国高级时装协会举办的两次时装发布；
>
> 每次发布作品不少于35套，其中包括日装和晚礼服；
>
> 每年至少对顾客做45次不公开的新装展示。
>
> 目前真正称为Haute Couture的品牌不超过二十家，其中包括大家熟知的Chanel、Dior等。一般，一件高级定制服装的制作时间需要8天左右，如果附加刺绣、珠宝镶嵌等复杂工艺，会延长到40天甚至更长时间。

（二）定制服装

量体裁衣这个词大家应该都知道，服装是由裁缝根据个人尺寸定做，不同的人都有不同的做法，因此，一般来说，每件都是个性化的。不过，自从20世纪出现“成衣”，裁缝店也就慢慢淡出了服装的制作舞台，而被设计师工作室和缝纫工作室替代。

近年来，服装定制又开始流行起来，现在的服装定制主要服务于都市白领、政府事业单位、城市新贵以及讲究品味和个性的人群。服装定制已经作为提升形象的一种方法，成为区别他人的一种标志。

在日常生活中，人们最常接触到的定制服装或许就是婚纱和西装了。相比成衣，定制既能最大限度地满足不同消费者的个性化需求，还能增强穿着舒适度。所以，定制也是时尚界极为流行的设计、生产、营销模式之一。

（三）高级成衣（Ready-to-wear）

高级成衣译自法语Prêt-à-Porter，是指在一定程度上保留或继承了高级定制Haute couture

的某些技术，以中产阶级为对象的小批量多品种的高档成衣；是介于Haute couture和以一般大众为对象的大批量生产的廉价成衣之间的一种服装产业。

高级成衣最早出现是在第二次世界大战后。意大利米兰抓住了战后“时尚平民化、服装成衣化”的历史潮流，迅速发展高级成衣工业，在不到100年的时间内成为与巴黎平起平坐的世界时尚之都。

巴黎、纽约、米兰、伦敦四大时装周就是高级成衣的发布活动。高级成衣与一般成衣的区别，不仅在于其批量大小、质量高低，关键还在于其设计的个性和品位，因此，国际上的高级成衣大体都是一些奢侈品牌和设计师品牌。

一般来说，高级成衣都带有浓烈的品牌风格，如Chanel的山茶花、编制毛呢面料搭配；Valentino的蕾丝花边设计、仙气范；Dolce & Gabbana的西西里风情等。所以，国际上的高级成衣大牌大部分是一些设计师品牌。

（四）成衣

成衣法语为Confection，是工业化时代的产物，指按一定规格、号型标准批量生产的成品衣服，是相对于量体裁衣式的定做和自制的衣服而出现的一个概念。

成衣作为工业产品，符合批量生产的经济原则，生产机械化、产品规模系列化、质量标准化、包装统一化，并附有品牌、面料成分、号型、洗涤保养说明等标识。

近年来，不少成衣品牌越来越强调设计感与艺术感，因此受到广大消费者的欢迎。例如，成衣巨头Zara、H&M会在普通成衣中添加高级成衣的设计元素。

二、服装设计的方向

服装设计师普遍面对服装市场有两个不同方向，即传统设计（包括传承设计）和创新设计两种。

传统服装的保留和传承，有严格意义上的“固定”样式和工艺制作要求。而这些固定式样，既是区别其他民族的醒目标志，也是本民族内身份区分的重要标识，如图5-1所示。传

图5-1　传统服装服饰传承——典型的布里亚特已婚及未婚女装

统民族服装可启用新材料和结合当代工艺制作，但对于固有款式及装饰特征不可过度改造和创新。

（一）市场化设计

市场化的设计是针对市场相对成熟的设计，也称作设计的逆向法，特指保留服装品牌特有优势的市场化设计。目标顾客市场定位不同，对服装设计的要求自然不同。无论传统服装的传承还是品牌服装的季节更新，经典样式和品牌标识不能轻易改变，以保证其“血脉纯正”。

市场化设计主要涉及通过市场调查确认存在的关键问题是什么。比如，在满足客人基本需求的情况下，如何保障商业利益，这个关键问题是否能够真正解决？不能用的设计元素是什么？“创意点”是否是经过市场调查得到的？怎样调整那些不切实际的“创意”，保留哪些“创意”？目标顾客不能接受的是什么？工厂可以采用的技术手段或不能达到的设计效果是什么？总之，市场化设计创新点主要集中在怎样使时尚元素巧妙地运用到设计中？

如图5-2所示，看似相同的领子镶嵌效果，有七八种不同的工艺，根据公司定位和客人情况，决定采用哪种制作工艺？

图5-2 旗袍领镶嵌工艺调整（娇古苏绣旗袍）

（二）创意设计

创意设计方向大多针对概念化的高级时装，充满了创意性、独特性、时尚感和挑战性。创意设计把更多注意力集中在意识形态和生活方式的宣扬中，具有前瞻性、指导性，这样的设计经常出现在著名设计师品牌高级定制和世界时装中心的时装秀中，如图5-3所示。

高级成衣定位是高收入人群，主要目的是传达设计师对艺术、对服饰之美、对流行的认识，具有很强的宣传性质，是典型的创新设计也称作创意设计。创意过程要注意，设计的独特性如何让顾客接受及信任？如何通过差异化的设计满足顾客的特殊需求——通过面料定制

图5-3　乔治·阿玛尼 2008 高级定制广告

达到的专门设计或通过产品和服务改变满足顾客需求的方法。一个有趣的现象是经济越繁荣，时装秀的样式就越复杂，面料的使用量也就越惊人。

1.秀场

发布下一年或当季设计产品的动态场所，那些高级定制、高级成衣的“走秀”在营造话题宣传主题的同时，公布流行趋势和色彩主张，需要配合声光电效果，耗资巨大，是实力的一种展现，如图5-4、图5-5所示。而成衣秀场注重定位宣传和商业宣传，以订货展现为目的。

图5-4　华伦天奴高级定制系列款式（2008）

图5-5　亚历山大·麦昆的秀场形象

2.市场

对服装设计师来说，个人面对的顾客和公司锁定的目标顾客群都是设计对象，这个群体主要诉求是什么？顾客群的年龄段、职业、穿着场合、季节需求以及准备花多少钱购买等因素，决定着设计的方法和设计手段。设计师要保持对服装产品市场了解，在市场培养初期，可以跟踪某品牌服装，选择一个系列，尝试着为目标顾客进行改动，把模仿的设计元素进行调整，组建新的设计思路画出效果图或款式图，去面料市场选择相同或相近的面料、辅料，贴在效果图上，很多新的设计灵感可能来源于辅料的采购和选择。

（1）设计的成本意识：从T型台、杂志看到的服装款式和细节，按照公司可以接受的流行程度，在工艺成本方面进行改进和调整。有责任的设计师面对价格很高的面料，力求理智节约。

如图5-6所示，上衣面料是意大利生产的价格很高的镭射图案面料，镭射图案有洞眼不适合打钮门的样式。图案的特殊性“迫使”款式简洁精炼，设计重点放在版型方面。

从细节下手，将套装纽扣改为金属扣作为装饰，考虑到公司工艺水平能达到将厚重金属扣装在分割线里不变形，并且没有增加成本，如图5-7所示。

图5-6　面料的特殊性决定了款式设计（MONDIAL ATELIER）

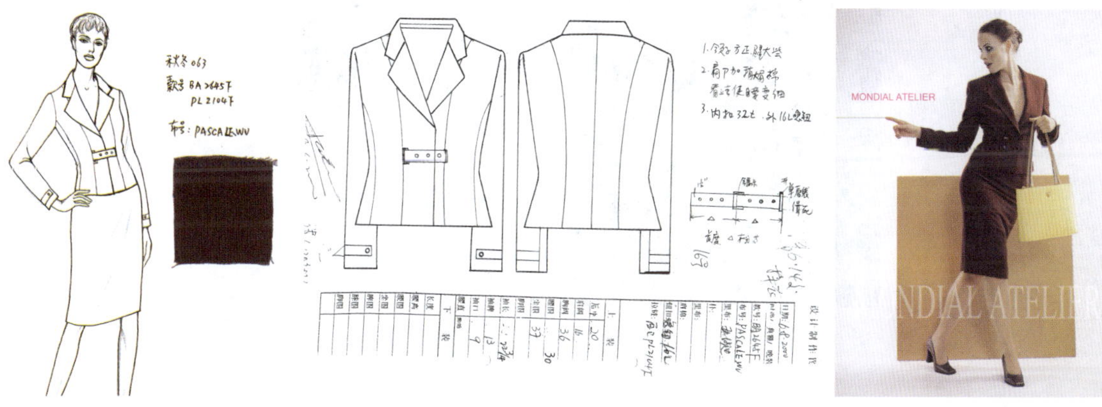

图5-7　将纽扣改为金属扣作为装饰没有增加成本（MONDIAL ATELIER）

净色（单色）羊毛料，适合有分割线的设计，衣身前后袖子都做了曲线分割，侧身开叉显得不那么严肃，带底座的衣领和拉链的设计又显得帅气十足。领型的宽窄、角度，领底座高低，用什么型号拉链，拉链的安装方法，诸如此类细节，都是设计师必须考虑的事情，如图5-8所示。

原准备做中长裙套装的有光泽感的面料，设计为短裙套装，衣身分割线采用车线辑线工艺，服装整体廓型干练，如图5-9所示。

（2）隐藏在设计后面的细节：那些从效果图和照片中看不到的设计，通常是制作工艺的要诀，例如，暗门襟的几种做法、拉链用在西装领的工艺技术、大衣插入三角形分割线的工艺处理、白色大衣加黑色皮领如何清洗等诸多问题。只有依靠工艺制作解决这些细节，才能完整的实现设计，如图5-10所示。

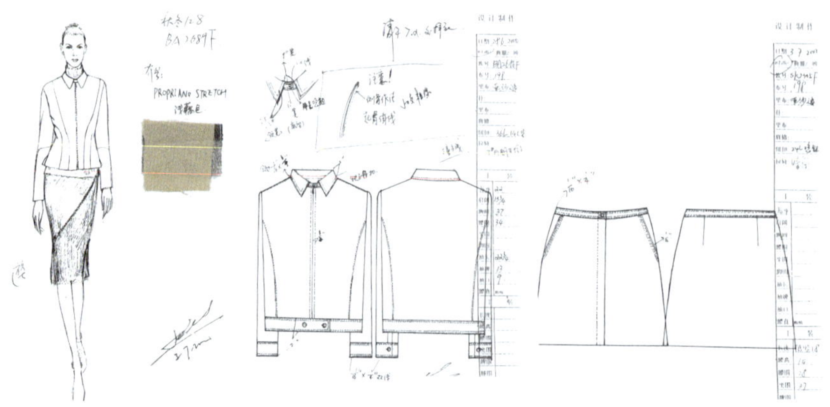

图5-8 净色面料的设计（MONDIAL ATELIER）

图5-9 将准备做中长裙套装的面料重新设计（MONDIAL ATELIER）

图5-10 细节设计需要提前考量周全（MONDIAL ATELIER）

（3）商场：服装一旦进入商场，必然受到消费者、市场、成本等诸多因素的限制。商场里的服装既要保持独特的风格，又要有较强的可穿度以吸引各自的消费群体，这是一个从

“放”到“收”的过程，创意设计学习阶段需要充分打开思路，让设计思维、手段自由驰骋；到了市场化设计时，就要学习核算成本、做减法，理性对待，最终，所有的知识技巧都要在市场上得到检验，如图5-11所示。

图5-11　服装实体店橱窗展示陈列

（4）服装市场分类：不同档次的市场是由产品成本来定位的，说到市场马上就会想到一串时尚名称，如购物中心（shopping mall）、专卖店、个性屋、工作室、时装店、休闲屋，不同的名称反映了生活方式的多样化，如图5-12、图5-13所示。

市场的档次可以用顾客从什么地方购物来描述：

① 低档市场——便宜零售店、批发市场、地摊。

② 中低档市场——连锁店、中低批发市场。

③ 中档市场——独立品牌店和百货商店、超市。

图5-12　品牌专卖店——了解自己需求的顾客常去的地方

图5-13 高端品牌专卖店——体现身份认同的顾客光顾的消费场所

④ 中高档市场——设计师品牌、公司品牌店、买手店、百货公司。

⑤ 高档市场——世界级大品牌（奢侈品专卖）及高定设计师店。

（三）按要求设计

对服装设计工作是否充满了热情和激情是衡量设计师的职业标尺。服装设计师必须要了解自己工作范围和目标顾客的类型以及他们对时尚的接受程度，这无疑对准确地把握设计思路有巨大帮助。不能只热衷于自己喜欢的风格、无法放纵自己的兴趣而且要满足顾客的要求，对设计师来说也是一种挑战。

按要求设计受多方面的限制。开始工作前，最好把一切都确认一下。比如，你的品牌定位在哪个层次、你的服装将以什么价格卖出等，都决定了预算。给系列中所有的服装确定一个严格而合乎逻辑的价格体系在时装业是很正常的，它决定了服装品牌的档次。动用大量手工、有许多装饰品的服装价值更高，但必须事前肯定你的顾客愿意支付增加的成本。设计还要与预测的季节流行趋势相符，有些款式设计最近几年在时装界时而流行、时而冷落，设计师要确保你的设计是与最新的风格潮流预测一致，如图5-14所示。

图5-14 高级成衣 GIADA 2020 / 2021 秋冬

（四）积极的市场调查报告

每个目标市场的需求都有所不同，清楚地了解顾客和市场所代表的生活方式，确保为他们制作的服装是最合适、最恰当的是市场调查的目的。服装市场调查能够使设计师得到目标市场的准确信息，同时培养足够专业的判断力。

市场调查报告有两个方面：

1.趋向性报告

时装界最新流行趋势的信息一方面来源于网络、杂志、期刊、展会、秀场等渠道；另一方面，通过调查具有代表性的店铺的最新款式，评估这些款式是否可以发展为主流趋势，款式发展走向如何？如果判断的信息总是准确的，就会增强自身对流行的判断和信心。通过这种渠道进行资料收集，可以紧紧地“追随”某位你喜爱的设计师或某个品牌的设计风格。

2.比较性报告

将自己所服务的目标市场和相似目标市场进行比较，报告内容涉及整个服装产品线，从本季节款式设计、色系到面料的品质，从款式细节、做工到价格都要做详尽的比较。

报告可以用效果图的形式并配合概括的关键词表达，也可以用具体的语言进行描述。其涉及的内容包括设计师、零售商、城市、国家、色彩、面料、服装品种、种类、细节和价格。

第二节　成衣系列设计

企业的生产、销售环节有一套独特的技术规程和管理规程。这一部分知识的学习，有助于你尽快地适应工作岗位，顺利地走上成功的职业道路。无论是设计师品牌店还是服装品牌公司，基本上都要执行这样的服装设计流程：

确定主题→设计计划书（款式分配）→面料分组→系列设计→头版样衣→修改样衣→制做生产前样衣板→制定生产单→销售→反馈→调整。

一、成衣的系列设计

在服装设计中，将服装中与款式、色彩、面料、工艺要素相关联的成组的服装设计手法称为系列服装设计。设计时至少应保持某一方面的统一性，必须考虑形、质、色等关键要素在各种搭配组合下的整体协调，在穿着对象、风格方面也应该是统一的。服装的系列有许多划分方法，常用的有并列式、主从式、聚散通景式。

以主从式为例，假设同色不同材质或材料和色彩都不同，我们把这两个不同的基础元素分别设定为A、B。给A和B排一个队，从分量多的到分量基本相等，再到分量小的，直到分量最小的依次排列，A和B都这么排列，如图5-15所示。主从式系列服装的形式内容非常丰富，充满内在联系。

图5-15 同色不同材质系列设计和不同材质色彩的系列设计演示图

（一）设计流程——确定主题

—品牌理念

—设计理念

—产品风格

—根据顾客需求（定位分析）

—销售区域，产品类别，价格定位 卖场选择

—产品形象（风格，价格，规格）

—服务形象（销售方式、培训）

—图片形象、图片来源、说明

—给主题起个贴切的名字

设计一个服装系列需要考虑以下商业因素，比如目标市场和消费者的生活方式、如何使

流行趋势与公司的设计理念相协调等。确定主题能启发和引导设计师为某一特定档次的市场进行设计。大多数的主题是对流行的直接反映，例如，“奢华的未来”“玫瑰家园的盛宴”“坏小子的派对”“野性摇滚”“追溯经典”是明显不同的服装主题，如图5-16、图5-17所示。

图5-16　“追溯经典”复古主题时装秀（卡诗米娅 2020 秋冬）

图5-17　时装发布会主题“追溯经典”复古系列设计（卡诗米娅 2020 秋）

（二）设计流程——色系和面料选择

—本季主题

—款式概念

—面料类别描述

—色系所占比例

—款式分配原则

宗旨：

—品牌风格延续

—对时尚接受度

1.色系的选择

色彩和织物的选择是影响设计的两个最重要的因素，同一款式的服装用不同的色彩或织物表现就有完全不同的效果。服装色彩随季节变化、随时代变化，色调的浓淡也会随之发生细微的或剧烈的变化，共同造成了某种颜色时而流行、时而过时的现象。有时对某种色彩或色调还没熟悉起来，一批新色彩就蜂拥而至，因此设计师对即将到来的色彩流行趋势要有敏锐的意识，并按照顾客能接受的程度布置色彩系列。

不同定位的终端市场对相同的一类颜色的反应和接受程度会出现不同。比如近年鲜艳色泛滥，如果是年轻人的市场，鲜艳色会铺天盖地地蔓延，而成熟类服装市场对鲜艳色的接受程度可能只是把它作为点缀色使用，即使选用鲜艳色也是混合流行的主流色彩。

每个季度的服装都会提前半年或一年进行设计，设计师要到面料市场去找面料，有时面料供应商会亲自上门服务，提供大量与流行密切相关的面料。如图5-18所示，面料和色系的选择共同成就了主题。

图5-18　面料和色系成就了主题——高级定制 Zuhair Murad 2015 春夏

2.面料的销售分组

宗旨：

—面料风格延续

互搭性：

—上下装互搭

—里外装互搭

—组与组之间的互搭

目的：

—延续品牌风格

—方便目标顾客的选择

—培养对品牌的忠诚度

目标顾客的喜好对面料的颜色、厚薄和纹理的选择影响很大。经过反反复复地筛选最终留下那些适合顾客的面料，进行面料的销售分组。面料销售分组的主要目的是为了体现服装品牌风格和控制市场销售时间，既要体现以前季节的延续，又要反映对流行色的把握。有些品牌对流行色的介入只在能接受的程度内微调，以保证品牌“血脉纯正”。比如作为MAXMAR的标志色是由米白过渡到浅驼色直至咖啡色，这种色系布局“执著”地延续了数十年，效果很明显，即顾客去年9月买的裙子或裤子，今年4月到店里仍然可以轻易配得到T恤衫或大衣。

以下是进入中国的意大利某高级女装品牌，从9月到次年4月的面料分6组上市销售的情况。面料分配原则要注意上下装、里外装材质与色彩搭配的协调，跨组之间也必须保证互相搭配，在面料板上要标注面料供应商提供的详细资料，如纤维成分比例、色彩种类、幅宽与价格、数量等。

第1组面料比较薄而柔软，进店时间是9月、10月，延续夏季的材质和色调；10月是个销售旺季，人们愿意在这时挑选更多的服装。第2组有了第1组作底子，11月的面料分配并不多。12月的圣诞节和1月的元旦节是销售黄金期，第3组、第4组面料色彩斑斓、纹路丰富，配合节日气氛吸引人们的消费。第5组、第6组，适于2月的中国春节销售，同时反映了由春节过渡到春天的过程。如图5-19所示，展示了几组面料的搭配。

图5-19 某品牌女装秋冬季所有的销售面料组合——组与组之间的搭配

（三）设计流程——款式计划和系列设计

1.设计计划书

服装品牌公司通常利用一个多月就把整个季度的款式全部设计完成了。将大主题细化分出4～8个小主题进行整体系列企划，服装系列企划包括要确定每款服装在该系列中所占的比重。比如一个基本系列采用三种配色，由三条长裤、四件上衣、两件夹克和一件风衣、两件礼服组成，每个系列中的套装都能分开穿着，以便消费者做出恰当的选择，并可自行搭配。如果上装和套装更为畅销，在产品规划时应占比例更多一些。

品牌举例：GIADA 2002 / 2003 年秋冬（图5-20）

图5-20　根据面料进行款式设计（GIDA 2002 / 2003 秋冬）

设计计划总体原则（总数量188～200款）

70%的风格是原有风格基础的延续

30%的款式为“花俏”的款式

包括极时尚、创意、个性化的时装

晚装类16套件（8%）

套装类64套件（35%）

针织类56件套（27%）

大衣风衣类35件套（17.5%）

裙类20件套（10%）

其他20件套（2.5%）

配饰类（17%）

2.成衣的系列设计

有了深思熟虑的研究后按照面料的分组前后顺序着手进行设计，以此完成一种面料的系列设计，每种面料都按照此顺序进行系列设计，这样的设计能照顾大局避免凌乱，如图5-21所示。

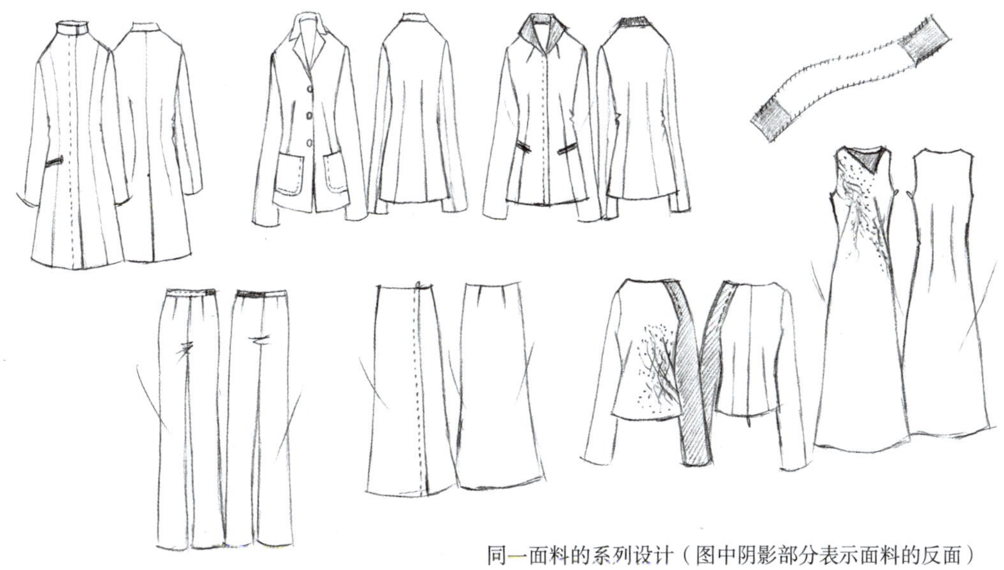

图5-21　针对同一面料设计的系列服装款式图（GIADA）

（1）从一种面料的系列设计开始，充分考虑其料性最适合做哪类款式，能否照顾到顾客的体型差异和穿着场合，如图5-22所示。可以同时做长款、中长款、短款式的设计，方便不同顾客的选择，如图5-23所示。

图5-22　相同面料的系列设计——考虑顾客的体型和穿着场合

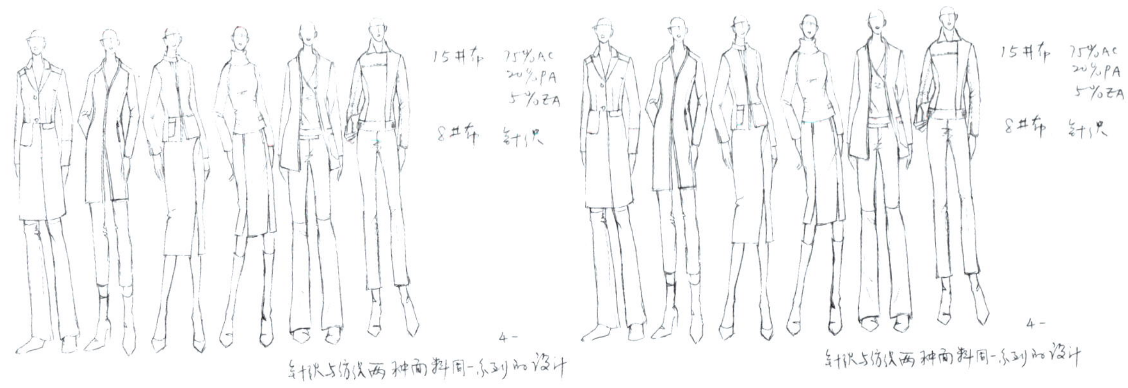

图5-23 考虑款式长短、工艺匹配的系列设计

（2）加入其他元素的系列设计，给主料、辅料的面积进行排列组合，考虑穿着互搭的可能，如图5-24所示。

（3）多种面料共同设计时，要考虑与其他面料的搭配，注意装饰的统一，款式与色泽的搭配，如图5-25所示。

图5-24 相同面料加入其他材料（装饰黑边为辅助）的系列设计

图5-25 多种面料的互相搭配系列设计

（4）多色彩、多质感的面料搭配，要照顾整体风格，以达到整体设计的统一，保证这些服装是“一家人”，如图5-26所示。

图5-26　多色彩、多质感的面料搭配系列设计

（5）混合了如毛呢料、多色针织、皮草、印花雪纺等多材质的系列设计要在统一的色调下达到和谐，如图5-27所示。充满创意的系列设计可以体现服装设计师的专业素养，如图5-28所示。

图5-27　多材质混合搭配的系列设计

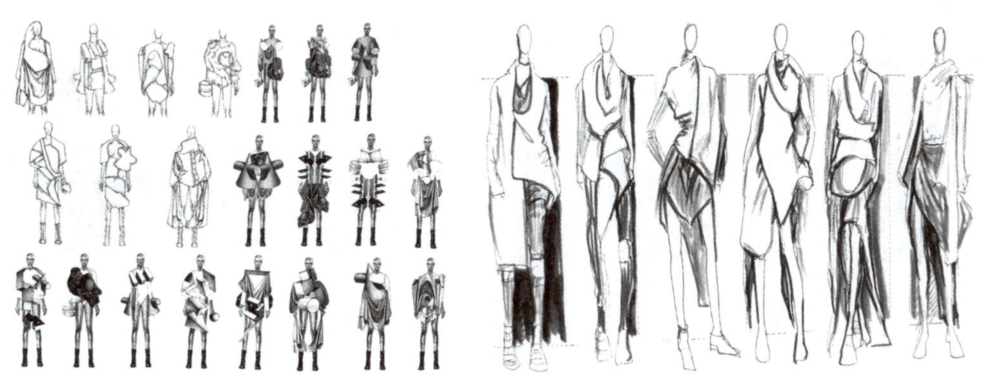

图5-28　充满创意的系列设计

（四）系列装设计案例

如图5-29所示为系列服装设计案例，遵循着款式、材质、色彩、图案紧密关联的内在逻辑。

图5-29　系列服装设计（OFF-WHITE 2021 早春）

二、平面款式图

平面款式图也叫工作图、结构图，是服装设计最理智的表现方法，能够准确、直观、有效地传达出服装结构、技术细节、比例关系、工艺尺寸和装饰方式，如裁剪、工序、线辑和装饰图案等，以方便制版师和工艺师对图纸的理解，如图5-30～图5-37所示。不同服装公司对平面结构图的要求不同，有公司在服装效果图中标明尺寸和技术生产细节，一般审查效果图后才绘制平面工作图，也有公司不出效果图就直接绘制平面图。

（a）某品牌女上装系列设计　　（b）某品牌系列组合

图5-30　品牌女上衣平面款式图

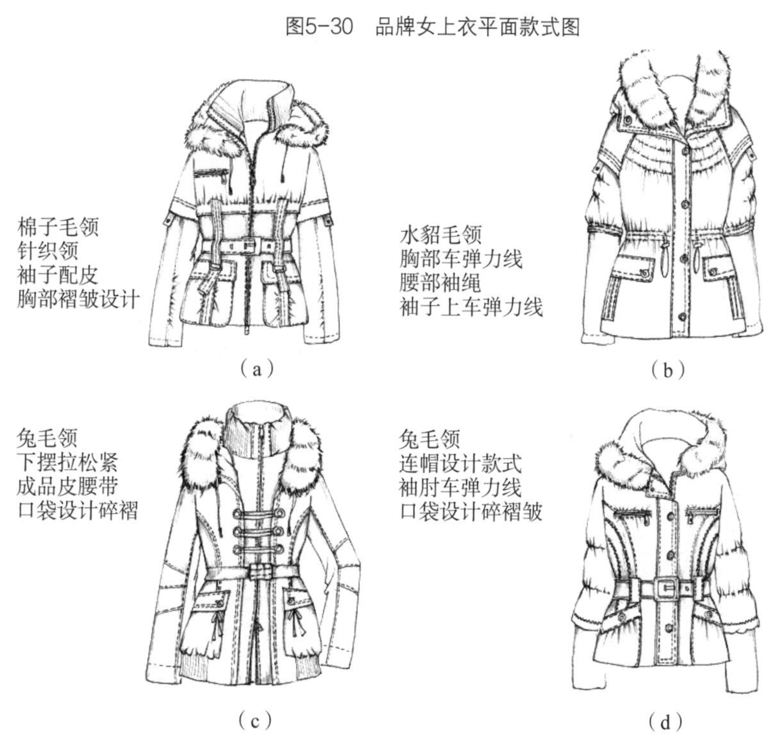

（a）　（b）　（c）　（d）

图5-31　冬季休闲装平面款式图（魏楠）

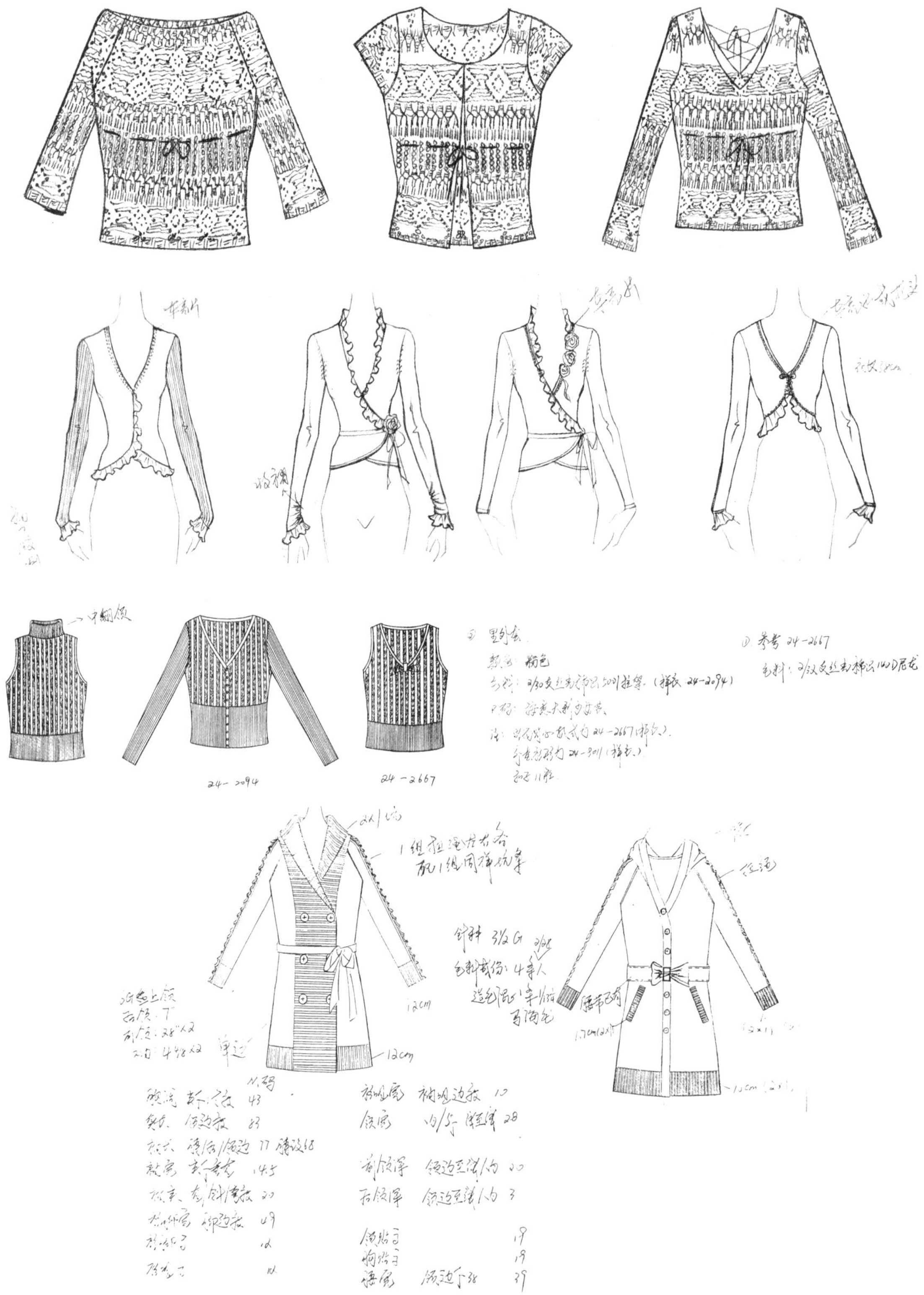

图5-32　针织服装平面款式图（李晓光）

图5-33　男夹克服装平面款式图

图5-34　男式牛仔上衣平面款式图

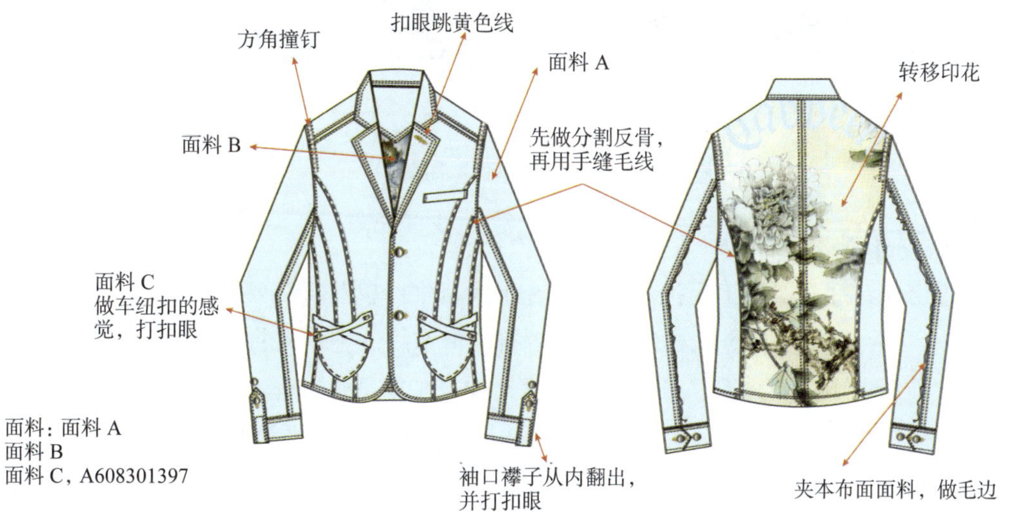

图5-35　走秀短西装平面款式图（姜靓男）

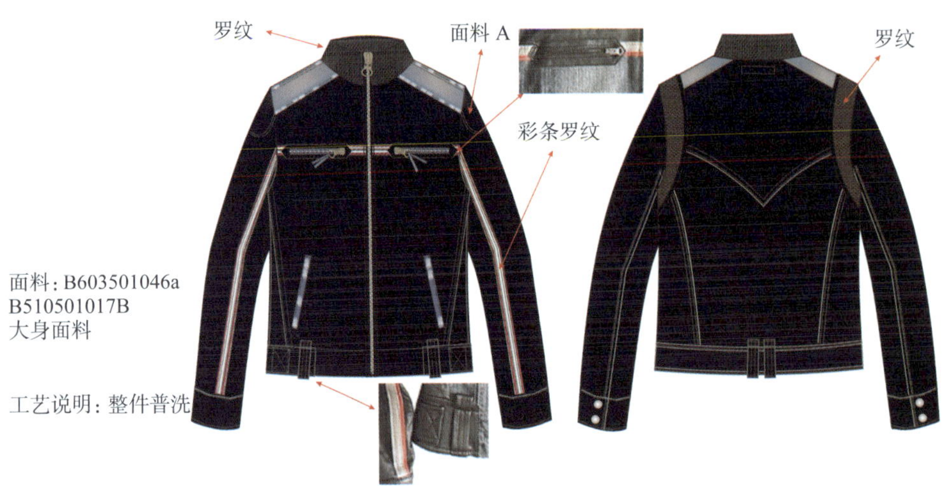

图5-36 休闲上衣平面款式图（姜靓男）

图5-37 牛仔裤平面款式图（姜靓男）

三、成衣生产制造单

样衣在板房修定后，要进工厂批量生产。在下大货生产单前工厂要制作一件生产板样衣（俗称“产前板”），目的是检查纸样和样衣是否符合流水线的生产，将出现的问题及时进行修改，如面料在裁剪中的收缩率、悬垂度的变化，生产工艺是否符合车间流水线等，以此计算加工成本，成为工厂报价依据。解决了这些问题后才能下大货生产单。

根据销售反馈看系列中哪个款式是销售热点并进行调整与修改，做成评估报告再决定是否翻单、追单。

如表5-1所示为成衣生产单，所图5-38所示为成衣大货生产单。

表 5-1　成衣生产单

广州金维服装有限公司 生产制造单						Ref No.
日期：		款号：				
款式：		工艺：				
订单号：		交货日期：				
版师：		设计师：				
面料		辅料				
尺码配比：	XS	S	M	L	XL	总数
尺寸表（单位：厘米 /cm）：						
A. 衣长						TOTAL
B. 胸围						+/−1.0
C. 腰围						+/−1.0
D. 臀围						+/−1.0
E. 髀围						+/−1.0
F. 膝围						+/−1.0
G. 脚围						+/−1.0
H. 肩宽						+/−1.0
J. 前挡						+/−1.0
K. 后档						+/−1.0
L. 领围						+/−1.0
M. 袖长						+/−1.0
N. 袖口宽						+/−1.0
工艺说明	前幅（Front）		后幅（Back）			
车死 袖中做法 活动	双线之间的距离宽 0.5cm					
备注说明：						

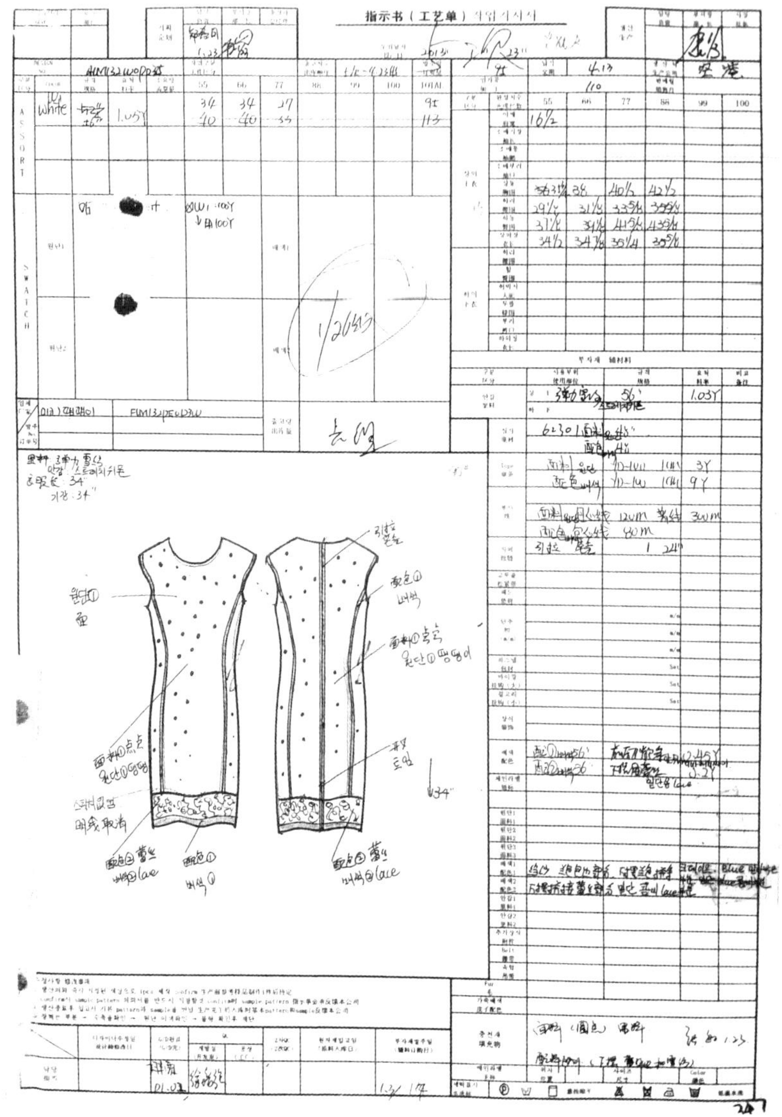
指示书（工艺单）

图5-38　成衣大货生产单

四、常见成衣类别

（一）考虑服装功能

服装功能设计是要考虑什么场合穿、怎么穿的设计，设计重点围绕服装的主要功能进行。服装功能专业化程度越强越好，实用性越准确越好，比如户外服装首先考虑活动方便、服装结实耐磨，兼顾美观的同时不随便添加附加功能，如果刻意增添一些不必要的转换，不但增加制造成本而且画蛇添足。例如，一件秋冬日常穿着的呢绒面料大衣，不必非要装一个可拆卸的羽绒内胆，使春秋和深冬两个季节都不能兼顾得融洽。

（二）分类

依据设备和制造方法专业化程度不同分为西装、裤业、衬衫、皮革皮草、絮料、羽绒服装、针织服装、运动服装、风衣大衣类、棉布类服装、牛仔服装、丝绸服装、内衣、刺绣服装、童装等专业化品种。只有深刻认识产品的结构和性能，全面了解生产过程中使用的材料和生产工艺，设计才能做到游刃有余。以下列举的服装常见于流行趋势发布会和服装市场。

1.运动服装设计

以功能性为主体的服装设计，主要供运动员训练和比赛时穿着，但是由于人们对健康生活的关注，许多人在生活中也会穿着。运动服装具有色彩醒目、轻便舒适的特点，如图5-39所示。

图5-39　运动服装设计（Autumn winter sport pack 2008）

2.针织服装设计

针织服装设计俗称“一根纱的设计”，也有需要缝制的针织面料。针织服装质地柔软、舒适，有一定的弹性和伸缩性，具有色彩丰富的特点，强调工艺设计手段与水平，如图5-40所示。

图5-40　增加了高级装饰融合了特殊工艺的羊绒针织女装（卡诗米娅 2020 秋冬）

3.户外服装

户外服装具有方便实用、结实耐穿、免烫抗腐、易洗快干等特点；分度假服装、户外活动服装两大类，前者偏向于个性展现的时装类，后者偏向野外探险方面的设计，如图5-41、图5-42所示。

图5-41　度假、户外休闲装——2021年流行趋势

图5-42　户外休闲裤（STROK MAN’S RECREATIONAL TROUSERS 2006 / 2007）

4.风衣

风衣又称风雨衣，款式分为职业、休闲两大类，兼顾通勤装与户外服装的功能，如图5-43、图5-44所示。

图5-43　由军服风雨衣演变而来的12类风衣基本款

图5-44　BURERRY风衣与军服风衣的渊源

5.皮革皮草服装

皮革皮草风衣具有保暖性非常好、坚牢性好的特点，同时又具备奢华风尚，如图5-45所示。

图5-45　皮草皮革服装（芬迪）

6.呢绒类服装

呢绒服装具有挺括、美观、保暖性好、牢度强等特点，如图5-46所示。

图5-46　大衣设计（Max Mara）

第三节　实战训练

本节设计了四个实训环节，综合应用知识与技能完成设计任务。这些任务完成之后，最好拿给你的老师以及有经验的设计师、买手或企业销售人员进行评价，验证学习成果。更重要的是，专业的评价可以帮助你了解自己的知识与技能结构的薄弱点，使你的学习和实践更好的接轨，以便有针对性地加强学习，快速步入服装设计师的工作状态。

以顾客为中心，建立一个可能会选择你的设计风格的顾客信息库，充分考虑其性别、年龄、经济地位、生活方式、职业及任何可能影响服装选择的因素。例如顾客的身材、形象如何，他们的居住环境、生活方式、社交生活是怎样的，他们经常出入哪些场合以及他们会接受怎样的面料、色彩、价格，习惯购买的服装款式是正式还是休闲的等。

实训一：观察某种职业的一日生活

这是一种社会实践活动，这项活动要求设计者深入社会、深入生活，了解目标顾客典型的一日生活。许多人对职业人士的认识大都是从名称上来的，经常做“观察某种职业的一日生活”练习，根据其社会地位、收入、职业、衣着形象、生活方式等情况进行针对性的训练，这种方法将极大提升对顾客的判断能力。

着手设计之前要做一些目标顾客的生活调查和资料收集。以职业女性通勤装为例，你的目标顾客，即职业女性是怎样的生活方式？她们吃、穿、用、住的环境怎样？她们业余时间经常出现在哪些场合？她们会到哪里购物？她们的消费水平是什么程度？随时做一些典型性收集，努力接近或者进入她们的“圈子”，使设计风格与穿着者个性相协调，才能做出她们喜爱并接受的系列服装，如图5-47所示。

白领一族中偏爱清新色调的女性会穿怎样的服装？通过判断，认为其着装的色调、款式应该符合优雅温和的形象，从草图开始勾画着装者的廓型逐渐细化到款式的局部结构，确定

图5-47　目标顾客生活调查故事板

这类顾客会选择的服装“调子”，如图5-48所示。

性格外向热情的顾客能够激发你的设计热情，夸张大胆的廓型和鲜艳的织物很适合她们，虽然这类顾客能接受更多的廓型和色彩，但是因为界定了通勤主题，需要在理性的控制下含蓄地释放“热情”，如图5-49所示。

图5-48　喜欢清新色调的职业女性服装

图5-49 “外向”性格的职业女性服装

实训二：服装分类设计训练

在服装设计职业生涯中，可能会遇到不符合个人爱好的服装品类，也会为一大群职业和性格迥异的顾客设计。放下成见，努力观察并接受你要进行设计的服装类别。

以童装为例，花时间研究很重要。童装按年龄分为婴儿期、幼儿期、儿童期（幼童期、中童期、大童期）、少年期，每个阶段设计要素不尽相同。

婴幼儿装有很多问题要仔细考虑，比如脖子或头部周围不加抽紧带，不用松的小装饰，注意纽扣、拉链的安全以防婴儿咀嚼，调查一些相关问题，比如服装怎样做到合体，考虑服装的宽松度，在为婴儿换尿布时可以不必脱衣服，布料要经得住多次洗涤；还要注意其他规定，如采用环保、健康面料及优先考虑简化设计。

童装设计需要设计师付出更多的耐心和观察，了解不同年龄段儿童的特点，观察他们的玩耍方式，分出他们适穿的场合，探讨他们的父母希望把他们塑造成什么形象。收集这些信息的过程，也是培养自己喜欢这个细分市场的过程。

实训三：典型性训练

细分市场中，有些职业有其特殊要求，他们的工作服会有一些明确的使用要求，也许是技术上的，也许是安全上的。如集团、公司、银行、学校、餐饮业、饭店、宾馆的工作制服设计，看似款式简单，其实是一个比较繁复的工作。

如何在统一的整体设计中，将款式的互通性和面料利用率做到最大化，以体现团单制作的效率和成本控制，是工作服设计的重点。在以上行业服装的设计中，学校与大型企业集团的制服因为数量大，价位相对稳定，设计中既体现其职业特点，又有其文化内涵。宾馆、饭店的制服设计因为部门多、分工杂，有的部门只有几个员工，设计时最能体现出款式互通的重要性和面料采购的节约化宗旨。设计师如果具备控制成本的基本能力，很容易受到甲方的欢迎。

职业装具有款式设计相对理性、适合批量加工等特点，色彩配置方面要注意风格统一，面料要首选相对容易买得到的、能够满足员工数量变化，以备随时购买制作。

（一）职业服装设计项目

用真实的招标案例让学生体会和制作职业服装全套设计过程，为某商务会所全体员工（8 个部门，22个岗位）设计职业服装。

能力目标：职业服装全套设计的概念，思维方式及设计方法。

课程导入：从何处着手？从企业文化开始，讨论哪些因素决定职业服装的整体设计。

设计师的变通能力——个别部门、岗位的人数只有3～6人，如何避免单独采购面料、辅料的增加成本，如何与大部门的制服形成系列化采购和制作？

现场调研：企业文化调研、服务场景调研、岗位调研、工作性质调研、人数采集、量体。

色系选择：色彩要遵从企业文化的专用色。

面料选择：根据工作岗位需求、工作内容提供不同的面料品类。

（二）课堂典型性训练

案例1　细分市场中还有一种现象，有些职业人士业余时间在着装和个人形象方面似乎是相同的，显然它们之间有互相交叉的区域，比如，医生和教师对休闲服装的选择。不仔细区别，他们可能成为同一种形象，但如果仔细甄别，还是能够判断出职业类型中两种人物独特的、典型化的视觉语言，这需要配合有效的训练手段才能激发设计师的理解力和判断力。

方法：从以下相似的着装形式挑选一个，不限男女装。

· 教师

· 医生

· 行政人员

学生挑选其中一种类别，用铅笔快速画出款式草图，记住不要带有暗示职业的标志，画好后在草图背面写上自己所画的类别，然后由教师分别拿着图，面向全体学生询问这张图画的是什么样的人物形象。如果多数同学猜中的类型和画面上的人物一致，表明典型性设计越明显，设计的成功率越高。反之，说明成功率低。

案例2　按照案例1的方法继续探索典型性训练，通过学习寻找极端典型形象，考察设计师日常生活的观察能力。

方法：以草图形式，从以下这些行业中选择一个人，快速勾画出此人业余时间的穿着。草图中不能出现标志性的暗示，比如秘书手中的文件夹、运动员的球拍等。

· 秘书

· 高街时装店的老板娘

· 艺术家

· 运动员

典型性着装训练的目的是表达一种形象，虽然不能在几分钟内完善款式结构细节，但如果你画的“典型形象”被大多数人认出来，说明已将这种“典型形象”锁定在设计范围了。

实训四：服装语言极端化训练

服装语言极端化训练是一种典型性训练方法，例如运动员的专业服装必须要界定运动项目种类，才能确定关键词的准确性；有特殊用途的运动服装非常昂贵，因为必须使用混合高性能的织物来制作；舞台演出服装要清晰界定歌唱或舞蹈的类别，细分出完全不同的表现需求。

养成在画面中写下关键词句的良好习惯，防止灵感稍纵即逝。比如“清新的浪漫”这个基调，充满了淡雅、舒爽、闲适等词汇，与之相对应设计元素有恬静流畅的服装的造型、色彩淡雅的布料、穿着舒适的服装结构、和谐优美的搭配等，与野性的浪漫形成巨大反差。

特别区分这些词——典雅/优雅、古典/经典、浪漫/随性、高贵/高雅、时髦/时尚、前卫/大胆，仔细斟酌它们之间的差异。理解了这些词的典型性，就能准确地出找到与之相符的廓型、设计出非常恰当的结构分割线。

设计者通过这些设计语言的练习，强化了设计定语，逐渐扩展设计的张力并能真正拓展设计思路。

思考与练习

1. 思考系列设计时为什么必须考虑互相搭配、衔接的设计。

2. 思考怎样做到互搭设计。

3. 思考如何保证系列设计的整体风格与品牌定位一致。

4. 挑选自己喜爱的服装品牌，认真分析这个品牌的风格和设计特征。选择数个类似风格的服装品牌进行对比，明确所调查品牌的市场定位、产品线、色系、代表面料、价格，分析他们的相同之处和不同之处，以图文形式写出调查报告。

5. 系列装设计练习：收集整理不同类别的服装资料，仔细分析该类服装款式设计、制作工艺要点，根据市场定位，进行系列服装设计并画出工作图。

（1）一种面料的系列设计。

（2）两种面料的系列设计。

（3）三种面料的系列设计。

（4）由辅料而引发的系列设计。

（5）由色彩、图案为灵感来源的系列设计。

（6）由服装工艺联系在一起的系列设计。

6. 选择一个少数民族地区，以传统服装传承调研开始，收集资料，做故事板，寻找合适面料，以创新形式画系列效果图、平面图，挑选其中几件做出成衣。

7. 小组作业：

（1）模拟某个服装风格定位，按销售季节区分，制订面料分组方案。

（2）根据目标顾客年龄、职业、经济状况，结合流行趋势，制作主题故事板。

（3）写出设计计划书。

（4）进行系列设计，画效果图，画出工作图。

（5）挑选其中1～2件制作成衣。

后 记

本书已呈现给你很多为做设计而进行的深入浅出的方法，探讨了获得灵感来源的途径；通过实践操作与突破性的训练手段，引领你踏上了充满发现、趣味和激情的设计师之旅。

书中所有的内容为设计师提供了所应具备的洞察力、专业知识和基础技能，为成为优秀设计师的目标指明了方法。

衷心感谢对本书给予了大力帮助的朋友、同仁和学生，感谢家人的理解和支持！

感谢编辑宗静的认真和信任，感谢提供私人藏品的乌力吉门德、阿莱芙，感谢卡诗米娅宋红提供2020年秋冬羊绒产品图片，感谢张漫提供的国外橱窗图片，感谢品牌GIADA、蒙迪爱尔MONDIAL ATELIER的设计实践，感谢香港理工大学的课程教学训练，感谢导师Frank先生课堂上使用的典型性训练方法。

作者

2020年7月